土木工程施工管理与质量控制分析

王秀山◎著

经济日报出版社
北京

图书在版编目 (CIP) 数据

土木工程施工管理与质量控制分析 / 王秀山著 . -- 北京 : 经济日报出版社 , 2024.9

ISBN 978-7-5196-1469-0

Ⅰ . ①土… Ⅱ . ①王… Ⅲ . ①土木工程 - 工程施工 Ⅳ . ① TU7

中国国家版本馆 CIP 数据核字 (2024) 第 047621 号

土木工程施工管理与质量控制分析

TUMU GONGCHENG SHIGONG GUANLI YU ZHILIANG KONGZHI FENXI

王秀山　著

出　　版: 经济日报出版社
地　　址: 北京市西城区白纸坊东街 2 号院 6 号楼 710（邮编 100054）
经　　销: 全国新华书店
印　　刷: 武汉恰皓佳印务有限公司
开　　本: 710mm × 1000mm　1/16
印　　张: 14.25
字　　数: 209 千字
版　　次: 2024 年 9 月第 1 版
印　　次: 2024 年 9 月第 1 次印刷
定　　价: 72.00 元

本社网址：www.edpbook.com.cn，微信公众号：经济日报出版社

前言

土木工程施工是一项非常复杂的生产活动。土木工程也是现代建筑工程中的重要组成部分，其施工质量对工程整体质量有着重要的影响。在施工中，它涉及的范围十分广泛，要处理大量复杂的技术问题，耗费大量的人力、物力。为了保证施工的顺利进行，必须对土木工程施工进行有效的科学管理，而把握现代的质量控制思想是施工质量得以保障的重要因素。

我国经济的快速发展为城镇建设带来了良好的发展机遇，并促进了工程建设的发展。作为现代工程建筑施工的重要组成部分，土木工程施工质量控制与管理是工程施工管理工作的重点，是工程整体质量控制与管理的关键。土木工程建设项目的成败在于质量，离开质量，其他一切都无从谈起。因此，要把土木工程施工的质量管理纳入整个建设项目的实施计划以及实施过程。实际上，没有比使用方更关心工程质量的了。但要保证施工质量，使用方有必要组织有经验的、专业的质量管理队伍，对整个设计施工过程，包括对工程设计、施工单位、建设用材、施工工艺以及监理工作等多方面进行管理，还包括指导施工单位对施工人员进行适时培训和有效激励。

本书是一本研究土木工程施工管理与质量控制的专著。在写作过程中，作者参阅了相关资料，对相关文献的作者在此表示感谢。由于写作时间仓促，书中难免存在不妥之处，敬请各位专家、学者、读者朋友们批评指正。

目录

第一章　土木工程项目及管理概述

第一节　土木工程项目的含义及特点

土木工程项目是一项固定资产投资的经济活动，是最为常见、最为典型的项目类型。

一、土木工程项目的含义

土木工程是建造各类工程设施的科学技术的统称，它包含工程所应用的材料、设备和勘测、设计、施工、保养维修等技术活动。土木工程的对象是那些要求固定的建筑物和构筑物，包括房屋、水坝、隧道、桥梁、运河、卫生系统和运输系统的各种固定部分——公路、机场、港口设施以及铁路路场。土木工程项目是指需要一定量的投资，经过策划、设计和施工等一系列活动，在一定的资源约束条件下，以形成固定资产为目标的一次性活动。

二、土木工程项目的特点

（1）具有明确的建设目标。任何工程项目都具有明确的建设目标，包括宏观目标和微观目标。政府主管部门审核项目，主要审核项目的宏观经济效果、社会效果和环境效果；企业则多重视项目的盈利能力等微观目标。

（2）具有资金、时间、空间等的限制。工程项目目标的实现受多方面的限制：时间约束，即工期的限制；资金限制，即在有限的人、财、物条件下完成；空间约束，即工程项目的实施是在一定的空间范围内的；质量约束，即项目应达到预期的生产能力、技术水平、工程使用效益等要求。

（3）具有一次性和不可逆性。这个特点主要表现为工程建设地点固定，项目建成后不可移动以及设计的单一性，施工的单件性。

（4）环境影响因素多，不确定因素多，投资风险大。土木工程项目在建设过程中受到社会和自然环境的众多影响。社会影响包括政府管理机构、公共事业部门、协作单位、产业政策、环保政策、法律、法规、标准、城市规划、土地利用、金融状况、社会状况和人文环境等；由于露天施工，受自然环境的影响很大，自然影响包括气候、水文、地质等。由此可见，建设过程中不确定因素较多，因此项目投资的风险很大。

（5）影响的长期性。土木工程项目一般建设周期长，投资回收期长。同时，土木工程项目的使用寿命长，工程质量好坏影响面大，作用时间长。土木工程项目的实施和运营，不仅影响人们的社会生活，而且对周围的生态环境具有一定的影响。始建于公元前256年的大型水利工程都江堰直到现在还在造福人类。

（6）参与方多，管理复杂。土木工程项目参与方包括业主，勘察、设计、施工、监理部门，政府等。参与人员包括建筑师、结构工程师、水电工程师、项目管理人员和监理工程师等。参与部门及人员众多，项目管理的难度较大。工程项目在实施过程的不同阶段存在许多接合部，这些是工程项目管理的薄弱环节，使得参与工程项目建设的各有关单位之间的沟通、协调困难重重。

第二节　土木工程项目管理

一、项目管理

一个土木工程项目必须经过构思、决策、设计、招标、采购、施工和运行的全过程。其中涉及的管理工作包括战略管理和项目管理，战略管理即上层系统的战略研究和计划，项目管理是将经过战略研究后确定的项目构思和计划付诸实施，用一整套项目管理方法、手段、措施，以确保在预定的投资和工期范围内实现总目标。项目管理不仅是对大型、复杂的土木工程项目进行管理的有效方法，而且已经成为政府或企业管理的一种主要形式，越来越广泛地被应用于各行各业，对社会发展起着越来越重要的作用。

（一）项目管理的内涵

项目管理的思想是伴随着项目的实施产生的。现代项目管理理论认为，项目管理是通过项目经理和项目组织的努力，运用系统理论和方法对项目及资源进行计划、组织、协调和控制，旨在实现项目特定目标的管理方法体系。现代项目管理理论有以下四点内涵。

（1）项目管理是一种管理方法体系。项目管理是一种管理项目的科学方法，但并非唯一的方法，更不是一次一人的管理过程。项目管理作为一种管理方法体系，在不同国家、不同行业及其自身的不同发展阶段，无论在内容上还是在技术手段上都有一定的区别。但其最基本的定义、概念是相对固定的，是被广泛接受和公认的。

（2）项目管理的对象和目的。项目管理的对象是项目，项目又是一系列任务组成的整体系统。项目管理的目的，就是处理好这一系列任务之间纵横交错的关系，按照业主的需求形成项目的最终产品。

（3）项目管理的职能与任务。项目管理的职能是对组织的资源进行计划、组织、协调和控制。资源是指项目所需要的，在所在组织中可以得到的人员、资金、技术和设备等。在项目管理中还有一种特殊的资源，即时间。

（4）项目管理运用系统的理论与思想。由于项目任务分别由不同的人员执行，所以项目管理要求把这些任务和人员集中到一起，把它们当作一个整体对待，最终实现整体目标。因此，需要以系统的理论和思想来管理项目。

（二）项目管理的特点

（1）面向成果目标，注重借助外部资源，关注项目的完成。项目管理的对象是项目，一切活动的展开都围绕着项目目标的实现。项目管理就是通过对组织有限的资源进行计划、组织、协调、控制，使项目在计划的时间内完成，同时满足其在功能上的要求。

（2）管理工作的复杂性。项目一般由很多部分组成，工作跨越多个组织，需要运用技术、法律、管理等多个学科的知识来解决问题；由于项目的一次性，项目通常可以借用的经验不多，而且实施过程中会受到很多不确定因素的影响；需要将有不同背景、来自不同组织的人员有机地组合在一个临时性的组织内；在质量、成本等约束条件下实现项目的目标。

（3）需要建立专门的组织和团队。项目管理通常要跨越部门的界限，进行横向的协调。项目进行过程中出现的各种问题大多贯穿各组织部门，这就要求各部门作出迅速而且相互关联、相互依存的反应。因此，需要建立围绕专一任务进行决策的机制和相应的不受现存组织约束的项目组织，组建一个由不同部门的专业人员组成的项目团队。

（4）开创性。由于项目具有一次性的特点，项目工作通常没有或者很少有以往的经验可以借鉴，因而，项目团队必须发挥其创造性，以解决项目进行中出现的各种问题。这也是项目管理与一般重复性管理的主要区别。

（5）项目经理（项目负责人）在项目管理中起着重要的作用。项目管理中，项目经理有权独立进行计划、资源分配、协调和控制。项目经理必须能够理解、利用和管理项目技术方面的复杂性，必须能够综合各种不同专业观点来考虑问题。但只具备技术知识和专业知识是不够的，成功的管理还取决于预测和控制人的行为能力。因此，项目经理还必须通过人的因素来熟练地运用技术因素，以达到其项目目标。也就是说，项目经理必须使其组织成为一支真正的队伍，一个工作配合默契、具有积极性和责任心的高效率群体。

（三）项目管理知识体系

项目管理知识体系是描述项目管理专业知识总和的专业术语。项目管理知识体系是从事项目管理活动的基石，是为了适应项目管理职业化而发展起来的，是现代项目管理发展的一个重要特征。世界上很多国家都已经开发或正在开发自己的项目管理知识体系。例如，美国项目管理协会（PMI）开发的PM-BOK Guide，国际项目管理协会（IPMA）开发的ICB，英国项目管理协会（APM）开发的APMBOK等。荷兰、德国、澳大利亚等国也都有自己的

PMBOK，俄罗斯、日本、中国也都在开发自己的项目管理知识体系。

1. 国外的项目管理知识体系

21 世纪以来，国际上存在两大项目管理研究体系：一是美国项目管理协会（PMI），二是国际项目管理协会（IPMA）。在过去 30 多年中，项目管理两大阵营都为项目管理事业作出了卓越的贡献，但是，由于各自的研究重点和出发点不同，在许多问题上存在着明显的差异。

（1）美国项目管理研究的发展概况

20 世纪 60 年代，美国国防部首创项目管理研究，当时业界主要关注的是项目管理采用的工具与方法。1969 年 PMI 正式成立，1976 年 PMI 提出制定项目管理标准，以两项假设为基础：一是某些特定的管理活动对于所有的项目管理是通用的；二是项目管理知识体系不仅对于实际从事项目管理的人员有益，同样也适用于教师和项目管理专业审核人员。1981 年，PMI 立项并着手于"项目管理标准化"的研究，主要着眼于三个领域，即项目管理职业道德、项目管理知识体系和资格认证，随后这便成为 PMI 的评定审核基础。PMI 的资格认证制度从 1984 年开始，PMI 组织认证的项目管理专业人士称为 PMP。1986 年刊登在项目管理期刊上的知识体系修订本，于 1987 年 8 月经 PMI 审定为《项目管理知识体系》。后由 PMI 标准化委员会进一步修订，便产生了 PMBOK Guide，于 1996 年出版，由 PMI 注册为 PMBOK。PMBOK Guide 之后又作了修订和更新，推出了 PMBOK 2004 版，但其保留了 2000 版的基本逻辑结构和指导思想。

PMBOK 将项目管理分为九大领域，即范围管理、采购管理、风险管理、沟通管理、人力资源管理、整体管理、质量管理、成本管理和时间管理。

（2）欧洲项目管理研究的发展概况

1965 年 IPMA 正式成立，但当时没有进行统一资格认定工作。因此，欧洲一些国家或将 PMBOK Guide 作为本国项目管理资格鉴定的基础，或将 PMI 的内容全部照搬。另外，英国项目管理协会（APM）认为 PMBOK Guide 没有完全反映出项目管理应具备的知识，因此于 20 世纪 90 年代初开始着手本国评审方法的研究，并制定出明显区别于 PMI 的知识体系。1986 年英国项目管理研讨会的召开，促使 APM 项目专业组织（PSG）成立并提出了 APM 项目管理知识体系的框架。

在英国出版 APMBOK 之后，一些欧洲国家开始了本国的项目管理认证研究，如荷兰的 PMI、瑞士的 SPM 和德国的 GPM 都根据 APMBOK 建立了本国的项目管理知识体系，法国的 AFITEP 对 APMBOK 做了简化。

20 世纪 90 年代中期，IPMA 认为，应努力建成全球项目管理知识体系，以便那些尚未建立项目管理知识体系的国家参照。本国项目管理组织负责实现项目管理本地化的特定需求，而 IPMA 则负责协调国际上具有共性的项目管理需求问题。IPMA 于 1996 年着手建立一系列统一定义的工作，并于 1998 年正式出版 IPMABOK：ICB（IPMA Competence Baseline，ICB），并译为英、法、德语发行。

2. 国内的项目管理知识体系

（1）中国项目管理知识体系

中国项目管理知识体系（C–PMBOK）由中国项目管理研究委员会（PMBC）编写，是为了在国内推行国际项目管理专业资质认证（IPMP）而推出的。

C–PMBOK 以项目寿命周期为主线，进行项目管理知识体系，知识模块的划分与组织。C–PMBOK 大部分内容取自 PMI 的 PMBOK，还吸纳了一些 ICB 的知识要素。C–PMBOK 还将 PMBOK 的各个管理过程分置于概念、开发、实施、收尾四个阶段，将一些无法处理的过程和 PMBOK 中项目管理环境部分的内容都纳入公用知识模块。C–PMROK 还结合了中国特色，加入了大量的与投资项目有关的内容。

C–PMBOK 的特色主要表现在以下方面。

1）采用了“模块化的组合结构”，便于知识按需组合。模块化的组合结构是其编写的最大特色，通过 C–PMBOK 模块的组合能将相对独立的知识模块组织成为一个有机的体系，不同层次的知识模块可满足对知识不同详细程度的要求；同时，知识模块的相对独立性，使知识模块的增加、删除、更新变得容易，也便于知识的按需组合以满足各种不同的需要。模块化的组合结构是 C-PMBOK 开放性的保证。

2）以寿命周期为主线，进行项目管理知识体系、知识模块的划分与组织。C-PMBOK 按照国际上通常对项目寿命周期的划分，以概念阶段、开发阶段、实施阶段和收尾阶段这四个阶段为组织主线，结合模块化的编写思路，提出了项目管理各阶段的知识模块，便于项目管理人员根据项目的实施情况进行项目的组织与管理。

3）体现中国项目管理的特色，扩充了项目管理知识体系的内容。C-PMBOK 在编写过程中充分体现了中国项目管理工作者对项目管理的认识，加强了对项目投资前期阶段知识内容的扩展，同时将项目后期评价的内容也列入 C-PMBOK 中，并在项目的实施过程中强调了企业项目管理的概念。

（2）中国项目管理知识体系纲要

《中国项目管理知识体系纲要》是由国家经贸委经济干部培训中心和北京中科项目管理研究所合作，聘请国内项目管理专家组成中国项目管理知识体系委员会筹委会编写的，并在 2002 年 4 月中国（首届）项目管理国际研讨会上推出。《中国项目管理知识体系纲要》，包括五个部分的内容。

第一部分：项目管理的概念、范畴和原则。内容包括：项目的基本概念和范畴以及项目管理的基本概念和原则。

第二部分：项目寿命期与阶段。内容包括：项目孵化阶段、项目启动阶段、项目规划阶段、项目实施阶段、项目收尾阶段、项目交接过渡阶段。

第三部分：项目管理的知识领域和技术方法。内容包括：范围管理，时间管理，费用管理，质量管理，人力资源管理，沟通与信息管理，采购管理，风险管理，健康、安全和环境管理，基于计算机网络的项目管理信息系统，整合管理与项目密切相关的通用管理知识。

第四部分：组织机构与项目管理。内容包括：项目组织、项目团队、组织层次的项目管理。

第五部分：项目管理师职业素质和道德规范。

管理知识体系纲要以项目管理基本概念和相关范畴作为整个知识体系的出发点，以项目寿命周期各阶段为主线，阐述了项目管理的主要工作步骤和所应用的知识，并以项目管理的知识领域为另一主线，阐述了各知识领域的基本概念和技术方法。该纲要重视项目前期和后期的内容，强调说明了组织机构和项目管理的关系，并强调各不同应用领域的项目管理需要特殊知识作为知识体系的另一个重要方面，还着重提出了对项目管理人员职业素质和职业道德的要求。

（3）建设工程项目管理规范

由建设部主编的《建设工程项目管理规范》于 2002 年 1 月 10 日发布，2002 年 5 月 1 日实施。该规范全面总结了 15 年来建筑企业借鉴国际先进管理方法，推行实行项目管理体制改革的主要经验，进一步规范全国建设工程施工项目管理的基本做法，促进建设工程施工项目管理科学化、规范化和法治化，提高建设工程施工项目管理水平，与国际惯例接轨。

该规范的内容包括总则、术语、项目管理内容与程序、项目管理规划、项目经理责任制、项目经理部、项目进度控制、项目质量控制、项目安全控制、项目成本控制、项目现场管理、项目合同管理、项目信息管理、项目生产要素管理、项目组织协调、项目竣工验收阶段管理、项目考核评价、项目回访保修管理。

该规范规定：项目管理的内容包括编制《项目管理规划大纲》和《项目管理实施规划》、项目进度控制、项目质量控制、项目安全控制、项目成本控制、项目人力资源管理、项目材料管理、项目机械设备管理、项目技术管理、项目资金管理、项目合同管理、项目信息管理、项目现场管理，项目组织协调，项目竣工验收，项目考核评价，项目回访保修。

项目管理的程序依次为：编制《项目管理规划大纲》，编制投标书并进行投标，签订施工合同，选定项目经理，项目经理接受企业法定代表人的委托组建项目经理部，企业法定代表人与项目经理签订“项目管理目标责任书”。项目经理部编制《项目管理实施规划》，进行项目开工前准备，施工期间按《项目管理实施规划》进行管理，在项目竣工验收阶段进行竣工结算，清算各种债权债务，移交资料和工程，进行经济分析。做出项目管理总结报告并送企业管理层有关职能部门，企业管理层组织考核委员会对项目管理工作进行考核评价并兑现“项目管理目标责任书”中的奖惩承诺，项目经理部解体，在保修期满前企业管理层根据“工程质量保修书”的约定进行项目回访保修。

《建设工程项目管理规范》是针对特定类型项目的项目管理标准。由于服务的对象非常明确，因此该规范的内容包括管理过程和施工项目所特有的技术过程，例如，项目现场管理、项目竣工验收阶段管理、项目回访保修管理等。将管理过程和技术过程组合起来，有利有弊。其利表现在规范具有很强的可操作性，其弊表现在有些项目管理知识领域表述得不够完整。

二、土木工程项目管理

土木工程项目管理就是以土木工程项目为对象，用系统的理论和方法，依据建设项目规定的质量要求、预定时限、投资总额以及资源环境等条件，为实现建设项目目标所进行的有效决策、计划、组织、协调和控制的科学管理活动。

土木工程项目的管理者不但包括建设单位自身，还应包括设计单位、施工单位以及监理单位。针对土木工程专业的学生，项目管理更多的是关注施工期间的项目管理，施工项目管理的主体是施工企业及其授权的项目经理部。

（一）土木工程项目管理的类型

从不同角度可将土木工程项目管理分为不同的类型。

1. 按管理层次划分

按项目管理层次可分为宏观项目管理和微观项目管理。

宏观项目管理是指政府（中央政府和地方政府）作为主体对项目活动进行的项目管理。这种管理一般不是以某一具体的项目为对象，而是以某一类或某一地区的项目为对象；其目标是国家或地区的整体综合效益；宏观项目管理的手段是行政、法律和经济手段等，主要包括项目相关产业法规政策的规定，项目相关的财、税、金融法规政策的制定，项目资源要素市场的调控，项目程序及规范的制定与实施，项目过程的监督检查等。

微观项目管理是指项目业主或其他参与主体项目活动的管理。一般意义上的项目管理，即指微观项目管理。其手段主要是各种微观的经济法律机制和项目管理技术。项目的参与主体主要包括业主，作为项目的发起人、投资人和风险责任人；项目任务的承接主体，通过承包或其他责任形式承接项目全部或部分任务的主体；项目物资供应主体，是为项目提供各种资源如资金、材料设备、劳务等的主体。

2. 按管理范围和内涵不同划分

按工程项目管理范围和内涵不同分为广义项目管理和狭义项目管理。

广义项目管理包括项目投资意向、项目建议书、可行性研究、建设准备、设计、施工、竣工验收、项目后评价全过程的管理。

狭义项目管理是指从项目正式立项开始，到项目可行性研究报告的批准，再到项目竣工验收、项目后评价的全过程管理。

3. 按管理主体不同划分

土木工程项目的建设，涉及不同的管理主体，如项目业主、项目使用者、科研单位、设计单位、施工单位、生产厂商、监理单位等。从管理主体看，各实施单位在各阶段的任务、目的、内容不同，也就构成项目管理的不同类型，概括起来有以下几种项目管理。

（1）建设单位的项目管理

建设单位的项目管理是指由项目法人或委托人对项目建设全过程的监督与管理。按项目法人责任制的规定，新上项目的项目建议书被批准后，由投资方派代表组建项目法人筹备组负责项目法人的筹建工作，待项目可行性研究报告批准后正式成立项目法人，由项目法人对项目的策划、资金筹措、建设实施、生产经营、债务偿还、资产的增值保值实行全过程的负责，依照国家有关规定对建设项目的建设资金、建设工期、工程质量、生产安全等进行严格管理。项目法人和项目总经理对项目建设活动的组织管理构成了建设单位的项目管理，也称建设项目管理。

（2）建设监理单位或咨询公司代业主进行的项目管理

较长时间以来，我国的工程建设项目组织方式一直采用工程指挥部或建设单位自营自管制。由于工程项目的一次性特征，使这种管理组织方式往往有很大的局限性：首先，在技术和管理方面缺乏配套的力量和项目管理经验，即使配套了项目管理班子，在无连续建设任务时也是不经济的。因此，在结合我国国情并参照国外工程项目管理方式的基础上提出了工程项目建设监理制。社会监理单位是依法成立的、独立的、智力密集型经济实体，接受业主的委托，采取经济、技术、组织、合同等措施，对项目建设过程及参与各方面的行为进行监督、协调和控制，以保证项目按规定的工期、投资、质量目标顺利建成。

咨询方的项目管理是咨询方按照委托合同的要求，运用其知识和经验，保障委托方实现工程项目的预期目标。咨询方进行项目管理依靠的是咨询工程师自身所具备的知识、经验、能力和素质，是集工程、经济、管理等各学科知识和项目管理经验于一身的管理活动。咨询的本质是提供规范服务，咨询方一般不直接从事工程项目实体的建设工作，而只是提供阶段性或全过程的咨询服务。

（3）承包方项目管理

承包方项目管理是指承包商为完成业主委托的设计、施工或供货任务所进行的计划、组织、协调和控制的过程。

1）总承包方的项目管理。工程总承包方根据总承包合同的要求，对总承包项目所进行的计划、组织、协调、控制、指挥和监督的管理活动称为总承包项目管理。总承包项目管理一般涉及工程项目实施阶段全过程，即设计前准备阶段、设计阶段、施工阶段、动用前准备阶段和保修期。其性质和目的是全面履行工程总承包合同，以实现其经营方针为目标，以取得预期经营效益为动力而进行的工程项目自主管理。从交易的角度看。项目业主是买方，总承包单位是卖方，因此两者的地位和利益追求是不同的。

2）设计方的项目管理。设计单位受业主委托承担工程项目的设计任务，以合同所界定的工作目标及其责任义务对设计项目所进行的管理称为设计项目管理。也可以说，设计方的项目管理也就是设计单位为履行工程设计和实现设计单位经营方针目标而进行的设计管理。尽管其地位、作用和利益追求与项目业主不同，但它也是土木工程设计阶段项目管理的重要方面。只有通过设计合同，依靠设计方的自主项目管理才能贯彻业主的建设意图和实施设计阶段的投资、质量和进度控制。

3）施工方的项目管理。施工单位为履行工程合同和落实企业的生产经营方针，在项目经理负责制的条件下，依靠企业技术和管理的综合实力，对施工全过程进行计划、组织、指挥、协调、控制和监督的系统管理活动，称为施工项目管理。一个完整的工程项目的施工包括土建工程施工和建设设备工程施工安装等部分，最终形成具有独立使用功能的建筑产品。从工程项目系统分析的角度，分项工程、分部工程是构成工程项目的子系统，按子系统定义项目，既有其特定的约束条件和目标要求，也是一次性的任务。所以在工程项目按专业、按部位分解发包的情况下，承包方仍然可以把按承包合同界定的局部施工任务作为项目管理的对象，这就是广义的施工企业的项目管理。项目经理的责任制目标体系包括工程施工质量、成本、工期、安全和现场标准化，这一目标体系，既和工程项目的总目标相联系，又带有很强的施工企业项目管理的自主性特征。

4）供应方的项目管理。供应方的项目管理是指工程项目物资供应方，以供应项目为管理对象，以供应合同所界定的范围和责任为依据，以项目的整体利益和供应方自身的利益为宗旨所进行的管理活动。从建设项目管理的系统分析角度看，物资供应工作也是工程项目实施的一个子系统，它有明确的任务和目标、明确的制约条件。制造厂、供应商可以将加工生产制造和供应合同所界定的任务作为项目进行目标管理和控制，以适应建设项目总目标控制的要求。

（4）政府的建设管理

政府建设主管部门不参与建设项目的生产活动，但由于建筑产品的社会性强、影响大及生产和管理的特殊性等，需要政府通过立法和监督来规范建设活动的主体行为，保证工程质量，维护社会公共利益。政府的监督职能应贯穿项目实施的各个阶段。

（二）土木工程项目管理的研究方法

土木工程项目管理融合了工程技术、管理学、经济学、法学及计算机科学等学科知识，要想掌握这些理论知识，须了解和运用系统分析法、控制论方法、信息论方法等主要研究方法。

1. 系统分析法

系统分析法是运用系统理论来研究工程项目管理的方法。系统理论是研究系统的模式、原则、规律及功能的科学。系统是由一些相互联系、相互作用的要素或工作单元组成的集合。系统有目的性、开放性、相互关联性和动态性等特点，总系统的功能大于子系统功能之和。

将系统分析法引入土木工程项目管理，首先，要求我们树立整体观念，即把一个工程项目看成一个独立、完整的管理系统，它由许多子系统组成，各个子系统既相互独立又相互联系。其次，要将工程项目系统视为一个开放的系统。土木工程项目与外部环境有密切的联系，外部环境给项目提供技术、物质、劳动力和信息等资源，只有重视项目组织和社会环境之间的物质交换，才能保证土木工程项目具有活力，在资源的约束下更好地实现目标。最后，要从系统总目标出发，加强子系统、子项目之间的沟通与协调，避免矛盾，减少冲突，相互支持，共同发展，确保达成预期的工程项目总目标。

2. 控制论方法

控制论是研究各种系统控制和协调的一般规律的科学。控制论的基本概念是信息和反馈概念。控制论的创始人维纳认为，客观世界有一种普遍联系，即信息联系。任何组织之所以能保持自身的稳定性，是由于它具有取得、使用、保持和传递信息的方法。这个信息的转换过程，又可以简化为信息、输入、存储、处理、输出、信息，在此过程中，存在着反馈信息。所谓反馈信息，是指一个系统的输出信息反作用于输入信息，从而起到控制与调节的作用。这种由信息和信息反馈构成的系统自动控制规律，对土木工程项目管理的时间具有重要的实践意义。项目管理中的工期、质量、费用的控制就是具体的体现。在土木工程项目管理这三大目标的控制中，应重视信息反馈，形成管理工作的自动调节，才能保证工程项目不超支、不逾期和高质量。管理学中的事前控制、事中控制和事后控制都在工程项目实施中得到了广泛应用。此外，土木工程项目的风险控制也是源于控制论的理论思想。

3. 信息论方法

信息论是研究信息的本质及信息的计量、传递、交换、存储的科学。信息是一种经加工而形成的特定数据、文件、图形文件等。工程项目管理可以视为对整个工程项目的人流、物资流、资金流和信息流的管理，其中信息流是首要的。工程项目的管理者是通过项目的信息流对人流、物资流、资金流来进行管理的。信息论强调在项目管理中高度重视信息管理，要做好项目管理工作，必须善于及时、全面、准确、动态地采集项目发展过程中大量的决策信息、组织信息、进度信息、质量信息、费用信息、风险信息和合同管理信息等，并经过加工处理，将其传递到需要使用这些信息的管理层和主管层，以便他们及时决策，调整工作，促进工程项目阶段性任务的完成和总任务的完成。在管理活动中的决策失误或决策滞后绝大多数是由于缺乏可靠的信息。运用信息论的方法加强工程项目的信息管理，需要依靠计算机与网络技术，建立工程项目管理信息系统，也可运用相关的软件进行信息化管理，以提高项目管理的效率。

第三节　土木工程项目管理的发展历史及发展趋势

一、土木工程项目管理的发展历史

（一）国外土木工程项目管理的产生与发展

项目管理的思想源于建筑行业。20 世纪初，人们开始探索管理项目的科学方法，之后，项目管理的理论研究和实践不断丰富和发展。20 世纪 30 年代，由 Henry L.Gantt 发明的横道图及里程碑系统已经成为计划和控制军事工程与土木工程项目的重要工具，然而，真正意义上的项目管理概念是美国在实施曼哈顿项目时提出来的。20 世纪 50—70 年代，是项目管理的传播与现代化阶段，其主要特征是开发、推广与应用网络计划技术。网络计划技术的核心是关键路线法（CPM）和计划评审技术（PERT）。它的开发和应用，使美国海军部门在研究北极星号潜艇所采用的远程导弹 F.B.M 项目中，顺利解决了组织协调问题，节约了投资，缩短工期近 25%。此后，该技术在美国三军和航空航天局范围内全面推广，并很快在全世界范围内得到重视，成为管理项目的一种先进手段。20 世纪 60 年代，利用大型计算机进行网络计划的分析计算已经成熟，人们可以用计算机进行工期计划和控制。20 世纪 70 年代初，计算机网络分析程序已十分成熟，人们将信息系统方法引入项目管理，提出项目管理信息系统，这使人们对网络技术有了更深的理解，扩大了项目管理研究的深度和广度，同时扩大了网络技术的作用和应用范围，在工期计划的基础上实现了用计算机进行资源和成本的计划、优化和控制。20 世纪 80 年代，项目管理研究领域得到进一步扩展，涉及合同管理、界面管理、项目风险管理、项目组织行为和沟通，随着计算机的普及，加强了决策支持系统、专家系统和互联网技术应用的研究。此时项目管理的应用还仅限于建筑、国防和航天等少数领域。20 世纪 90 年代以来，项目管理方式从根本上改善了管理人员的工作效率，其应用领域扩展到电子、通信、计算机、软件开发、制药、金融等行业乃至政府机关。项目管理人员不再被认为仅仅是项目的执行者，而要求他们能胜任更加复杂的工作，参与需求确定、项目选择、项目计划直至收尾的全过程，在时间、成本、质量、风险、合同、采购、人力资源等各个方面对项目进行全方位的管理。

（二）我国土木工程项目管理的产生与发展

我国进行工程项目管理的实践活动已有 2000 多年的历史。土木工程项目与人类的发展紧密相连，在古代，为适应人类生产与生活的需要，人们会建造诸如房屋与作坊、灌溉农田的水利工程、排洪工程、运河工程等土木工程。宋代丁谓修复皇宫的工程、北京故宫工程等名垂史册的工程项目管理实践活动反映了我国古代工程项目管理的水平和成就，但是从这些工程实践中，还不能得出一些系统的管理方法和制度的结论。

我国的项目管理起源于 20 世纪 60 年代初。如老一辈科学家钱学森推广的系统工程理论和方法、华罗庚推广的统筹法。国防科研部门也有计划地引进了国外大型科技项目的管理理论和方法，如20世纪60—70年代相继引入网络计划技术（PERT）、规划计划预算系统（PPBS）、工作任务分解系统（WBS）等技术和全寿命周期管理概念。对项目管理系统进行研究和实践是从20世纪80年代初期开始的，总体来说经历了三个阶段。

第一阶段：鲁布革水电站的项目管理实践是工程项目管理改革的起点。鲁布革水电站引水系统工程是我国第一个利用世界银行贷款，并按照世界银行规定进行国际竞争性招标和项目管理的工程。它于1982年进行国际招标，1984年11月正式开工，1988年7月竣工，创造了著名的“鲁布革工程项目管理经验”。其要点是：将竞争机制引入工程建设领域，实行铁面无私的工程招投标；实行全过程总承包方式和项目管理；施工现场的管理机构和作业队伍精干高效；科学组织施工，采取先进的施工技术和施工方法，讲究综合经济效益。

第二阶段：“招投标制”“建设工程监理制”“项目业主责任制”三项制度的确立，标志着我国建设市场体系的基本形成。从1984年开始，在全国建设领域内广泛推广“鲁布革经验”，工程建设领域推行招投标，并将其作为一种制度在全国执行。招投标制度的实行是发展社会主义市场经济的客观需要，促进了建设市场各个主体之间进行公平交易、平等竞争，以确保建设项目目标的实现。1988年开始推行工程监理制度。由项目法人通过招标或委托的方式选择已具有监理资质的法人对施工合同进行管理。实行建设监理制，可促进建设项目管理的社会化和专业化，及时解决合同履行过程中的矛盾和争端，促进项目管理水平的提高。1992年11月，国家计划委员会正式发布了《关于建设项目实行业主责任制的暂行规定》，项目业主责任制的目的是建立起高效的投资运行机制和项目管理机制，以使项目投资责任主体走上自主经营、自我决策、自担风险、追求效益的良性发展道路。

第三阶段：进入21世纪，“三项制度”在不断完善和发展，同时，PM、PMC、Partnering、一体化管理等新型建设模式受到人们的重视，得到较多的研究和应用。尤其是代建制模式的提出，对完善公益性建设项目的法人责任制，提高公益性建设项目的建设水平产生了一定的效果。2004年7月，国务院在《关于投资体制改革的决定》中明确提出，对非经营性政府投资项目加快推行代建制，即通过招标等方式，选择专业化的项目管理单位负责建设实施，严格控制项目投资、质量和工期，竣工验收后移交使用单位。

二、土木工程项目管理的发展趋势

随着人类社会在经济、技术、社会和文化等各方面的发展，工程项目管理理论与知识体系的逐渐完善，工程项目管理出现了国际化、标准化和规范化、信息化、全寿命周期管理等的发展趋势。

（1）土木工程项目管理的国际化。随着经济全球化的步步深入，土木工程项目管理也在朝着国际化的方向发展。工程项目管理的国际化要求项目按照国际惯例进行管理，依照国际通行的项目管理程序、准则、方法以及统一的文件形式进行项目管理，使来自不同地区和民族的各参与方在项目实施中建立起统一的协调基础。加入 WTO 后，我国的行业壁垒瓦解，国内市场国际化，外国工程公司利用其在资本、技术、管理、人才、服务等方面的优势，挤占我国国内市场，尤其是工程总承包市场，国内建设市场竞争日趋激烈。工程建设市场的国际化必然导致工程项目管理的国际化，这对我国工程管理的发展既是机遇又是挑战。一方面，随着我国改革开放的步伐加快，国际合作项目越来越多，这些项目要通过国际招标、国际咨询或 BOT 方式运作，这样做不仅可以从国际市场上融到资金，加快国内基础设施、能源交通重大项目的建设，而且可以从国际合作项目中学习到其他国家工程项目管理的先进管理制度和方法。另一方面，根据最惠国待遇和国民待遇准则，我国的工程建设企业与他国工程建设企业拥有同样的权力承包国际工程项目，这样国内工程企业将获得更多的机会进行海外投资和经营。通过国际工程市场的竞争抢占国际市场，锻炼组织团队，培养人才。

（2）土木工程项目管理的标准化和规范化。工程项目管理是一项技术性非常强的工作，要符合社会化大生产的需要，工程项目管理必须标准化、规范化，这样项目管理工作才具有通用性和专业化，才能提高管理水平和经济效益。国际上先后成立的 IPMP 和 PMP 等有关项目管理的协会组织，提高了项目管理的科学化、规范化、专业化。我国也成立了诸如“中国优选法、统筹法与经济数学研究会项目管理学会”“中国建筑业协会工程项目管理专业委员会”“中国建筑学会建筑统筹管理分会”等从事项目管理研究的学术团体。其中，中国建筑业协会组织完成了建设工程项目管理规范的制定；中国优选法、统筹法与经济数学研究会发起，组织研究并形成我国项目管理知识指南体系。从2000年3月开始，根据建设部建筑市场监管司和标准定额司的指示，由中国建筑业协会工程项目管理专业委员会组成《建设工程项目管理规范》编写委员会编写规范，该规范于2002年开始实施，是我国工程项目管理发展的一个里程碑，它把中国的工程项目管理提高到一个崭新的平台上，开启了新的发展历程。该规范已于2006年进行了新的修订，为我国的工程项目管理水平向更规范、更科学的道路迈进规划了新的标准。

（3）土木工程项目管理的信息化。伴随土木工程项目日益大型化、综合化与复杂化，项目管理知识密集与信息密集的特点日益凸显。信息技术手段在工程项目管理中的作用已经达成共识，采用项目管理信息系统（PMIS）进行项目管理已经成为现代土木工程项目管理的重要特征之一。国内外对PMIS进行了较多的探索与实践，加之项目管理理论的不断发展，工程项目管理中信息技术的支持作用已得到很大的强化。然而在实践过程中，特别是工程建设项目在工期、成本、质量、安全、环境等方面约束的不断增加以及整体技术装备水平迅速提升的情况下，工程项目及其管理呈现了许多新的特点，并相应地对信息技术手段提出了新的要求，包括多用户并行服务、多业务流程交叉与数据一致性保持、更精确直观的进度形象测量与管理、充分支持现场检查与管理的移动信息处理、综合考虑安全与环境等新要素，并更精确地满足物资运输与现场暂存等要求对传统的项目管理及其信息系统形成了新的挑战。与此同时，信息技术领域的快速发展为PMIS应对上述挑战提供了新的契机与手段，以地理信息技术与遥感技术为代表的地理空间信息技术，以虚拟现实、三维仿真为代表的可视化技术，以业务流程管理与网络服务技术为代表的协同计算技术以及以企业资源管理（ERP）和物流技术为代表的资源综合管理与规划技术等为应对上述挑战提供了契机与手段。工程项目的信息化已经成为提高项目管理水平的重要手段。许多项目管理公司不仅开始大量使用项目管理软件进行工程项目管理，还从事项目管理软件的开发研究工作，工程项目管理的信息化已经成为必然趋势。

（4）土木工程项目全寿命周期管理。工程项目全寿命周期管理就是运用工程项目管理的系统方法、模型、工具等对工程项目相关资料进行系统集成，对项目寿命周期各项工作有效整合，并达成工程项目目标和实现投资效益最大化的过程。工程项目全寿命周期管理是将项目决策阶段的开发管理、实施阶段的项目管理和使用阶段的设施管理集成为一个完整的项目全寿命周期管理系统，对工程项目全过程统一管理，使其在功能上满足需求，经济上可行，达到业主和投资人的投资收益目标。工程项目全寿命周期管理既要合理确定目标、范围、规模、建筑水准等；又要使项目在既定的建设期限内、在规划的投资范围内，保质保量地完成建设任务，确保所建设的工程产品能满足投资商、项目经营者和最终用户的要求；还要在项目运营期间，对设施物业进行维护管理、经营管理，使工程项目尽可能创造最大的经济效益。这种管理方式是工程项目更加面对市场，直接为业主和投资人服务的集中体现。

第二章 工程项目施工进度管理

第一节 施工进度网络计划的绘制

一、网络计划的基本概念

（一）网络计划技术

网络计划用来对工程的施工进度进行设计、编排和控制，以保证实现预期确定的目标，这种科学的计划管理技术，称为网络计划技术。

（二）网络计划

用网络图表达任务构成工作顺序并加注工作时间参数的进度计划，称为网络计划。

（三）网络图

网络图是指由箭线和节点组成的、用来表示工作流程的有向、有序的网状图形。

根据箭线和节点所代表的不同含义，可将其分为双代号网络图和单代号网络图。

（1）双代号网络图。以箭线及其两端节点的编号表示工作的网络图，称为双代号网络图。

双代号网络图用箭线表示一项工作，工作的名称写在箭线的上面，完成该项工作的持续时间写在箭线的下面，箭头和箭尾处分别画上圆圈。填入编号，箭头和箭尾的两个编号代表着一项工作（“双代号”名称的由来）。

（2）单代号网络图。以节点及其编号表示工作，以箭线表示工作之间的逻辑关系的网络图，称为单代号网络图。

单代号网络图是用一个圆圈代表一项工作，节点编号写在圆圈上部，工作名称写在圆圈中部，完成该工作所需要的时间写在圆圈下部，箭线只表示该工作与其他工作的相互关系。

（四）双代号网络图的三要素

双代号网络图的基本符号是箭线（工作）、节点和线路。

（1）箭线。① 一条箭线表示一项工作或一个施工过程；② 一条箭线表示一项工作所消耗的时间和资源，分别用数字标注在箭线的下方和上方；③ 在非时标网络图中，箭线的长度不代表时间的长短，画图时，原则上是任意的，但必须满足网络图的绘制规则；④ 箭线的方向表示工作进行的方向和前进的路线，箭尾表示工作的开始，箭头表示工作的结束；⑤ 箭线可以画成直线、折线或斜线。

（2）节点。网络图中箭线端部的圆圈或其他形状的封闭图形就是节点。① 节点表示前面工作结束和后面工作开始的瞬间，所以节点不需要消耗时间和资源；② 箭线的箭尾节点表示该工作的开始，箭线的箭头节点表示该工作的结束；③ 根据节点在网络图中的位置不同，可分为起点节点、终点节点、中间节点；④ 节点编号基本原则及方法。

节点编号必须满足两条基本原则：其一，箭头节点编号大于箭尾节点编号；其二，在一个网络图中，所有节点不能出现重复编号，可以按自然顺序编号，也可以非连续编号。

节点编号有两种方法：一种是水平编号法，另一种是垂直编号法。

（3）线路。网络图中从起点节点开始，沿箭线方向连续通过一系列箭线与节点，最后到达终点节点的通路，称为线路。

（五）紧前工作、紧后工作、平行工作

（1）紧前工作：紧排在本工作之前的工作，称为本工作的紧前工作。

（2）紧后工作：紧排在本工作之后的工作，称为本工作的紧后工作。

（3）平行工作：与本工作同时进行的工作，称为本工作的平行工作。

（六）逻辑关系

工作之间相互制约或依赖的关系，称为逻辑关系。

（1）工艺关系：是指生产工艺上客观存在的先后顺序关系，或是非生产性工作之间由工作程序决定的先后顺序关系。由施工工艺、方法所定的先后顺序，一般不可变。

（2）组织关系：是指在不违反工艺关系的前提下，人为安排工作的先后顺序关系。

（七）关键线路、关键工作

每一条线路都有自己确定的完成时间，它等于该线路上各项工作持续时间的总和，也是完成这条线路上所有工作的计划工期。工期最长的线路称为关键线路（或主要矛盾线）。位于关键线路上的工作称为关键工作。关键工作完成的快慢直接影响整个计划工期的实现，关键线路用粗箭线或双箭线表示。

关键线路在网络图中不止一条，可能同时存在几条关键线路，即这几条线路上的持续时间相同。关键线路并不是一成不变的，在一定条件下，关键线路和非关键线路可以互相转化。当采用了一定的技术组织措施，缩短了关键线路上各工作的持续时间时，就有可能使关键线路发生转移，使原来的关键线路变成非关键线路，而原来的非关键线路却变成关键线路。短于但接近关键线路持续时间的线路称为次关键线路，其余的线路均称为非关键线路。位于非关键线路的工作，除关键工作外，其余称为非关键工作，它有机动时间（时差）。非关键工作也不是一成不变的，它可以转化为关键工作；利用非关键工作的机动时间可以科学、合理地调配资源和对网络计划进行优化。

二、双代号网络图的绘制规则及绘制方法

（一）双代号网络图的绘制规则

（1）必须正确表达各项工作之间的相互制约和相互依赖的关系。

在网络图中，根据施工顺序和施工组织的要求，要正确地反映各项工作之间的相互制约和相互依赖关系。

（2）在网络图中，严禁出现循环回路。

（3）双代号网络图中，在节点之间严禁出现带双向箭头或无箭头的连线。

（4）双代号网络图中严禁出现没有箭头节点或没有箭尾节点的箭线。

（5）双代号网络图中的箭线宜保持自左向右的方向，不宜出现箭头指向左方的水平箭头或箭头偏向左方的斜向箭线。

（6）双代号网络图中，一项工作只有唯一的一条箭线和相应的一对节点编号。

（7）绘制网络图时，在构图时尽可能避免交叉。

（8）双代号网络图中，只允许有一个起点节点；不是分期完成任务的网络图中，只允许有一个终点节点；而其他所有节点均是中间节点。

（9）当双代号网络图的起点节点或终点节点有多条外向箭线或多条内向箭线时，在保证一项工作有唯一的一条箭线和对应的一对节点编号的前提下，允许用母线法绘图。

以上是绘制网络图应遵循的基本规则，这些规则是保证网络图能够正确反映各项工作之间相互制约关系的前提，我们要熟练掌握。

（二）双代号网络图的绘制方法

（1）逻辑草稿法。绘制网络草图的任务就是根据给定的逻辑关系表中的逻辑关系，将各项工作依次正确地连接起来。绘制网络草图的方法是顺推法，即以原始节点开始，首先确定由原始节点引出的工作，然后根据工作间的逻辑关系，确定每项工作的紧后工作；这样，把各项工作依次按网络逻辑连接

起来。

（2）检查编号。参照逻辑关系表中的逻辑关系，按照网络图绘制的基本原则，检查网络图有无错误，若无错误，则可对节点进行编号。

（三）网络图的排列方式

在绘制网络图的实际应用中，我们都要求网络图按一定的次序组织排列，使其条理清晰、形象直观。网络图的排列方式主要有以下几种：

（1）按施工过程排列：根据施工顺序把各施工过程按垂直方向排列，把施工段按水平方向排列。

（2）按施工段排列：与按施工过程排列相反，它是把同一施工段上的各施工过程按水平方向排列，而施工段则按垂直方向排列，反映出分段施工的特征，突出工作面的利用情况。

（3）按楼层排列是一个三层内装饰工程的施工组织网络图，整个施工分三个施工过程，而这三个施工过程按自上而下的顺序组织施工。

三、网络计划时间参数的计算

（一）计算目的

（1）确定关键线路和关键工作，便于施工中抓住重点，向关键线路要时间；

（2）明确非关键线路及其在施工中在时间上有多大的机动性，以便于挖掘潜力，统筹兼顾，部署资源；

（3）确定总工期，对工程进度做到心中有数。

（二）网络计划时间参数的概念及符号

（1）工作持续时间：是指一项工作从开始到完成的时间，用 D 表示。其计算方法可参照以往实践经验估算、经过试验推算，或者若有标准可查，可按定额计算。

（2）工期：是指完成一项工作所需要的时间，一般有以下三种工期：

1）计算工期：是指根据时间参数计算所得的工期，用 Te 表示；

2）要求工期：是指任务委托人提出的指令性工期，用 Tr 表示；

3）计划工期：是指根据要求工期和计划工期所确定的作为实施目标的工期，用 TP 表示。

当规定了要求工期时：TP ≤ Tr；当未规定要求工期时：TP=Tr。

（3）网络计划中工作的时间参数：最早开始时间、最迟开始时间、最早完成时间、最迟完成时间、总时差、自由时差。

1）最早开始时间和最早完成时间

工作最早开始时间是指各紧前工作全部完成后，本工作有可能开始的最早时刻。工作的最早开始时间用 ES 表示。

工作最早完成时间是指各紧前工作完成后，本工作有可能完成的最早时刻。工作的最早完成时间用 EF 表示。

这类时间参数受起点节点的控制，其计算程序是：自起点节点开始，顺着箭线方向，用累加的方法计算到终点节点，即沿线累加，逢圈取大。

2）最迟开始时间和最迟完成时间

工作最迟完成时间是指在不影响整个任务按期完成的前提下，工作必须完成的最迟时刻。工作的最迟完成时间用 LF 表示。

工作最迟开始时间指在不影响整个任务按期完成的前提下，工作必须开始的最迟时刻。工作的最迟开始时间用 LS 表示。

这类时间参数受终点节点（计算工期）的控制，其计算程序是：自终点节点开始，逆着箭线方向，用累减的方法计算到起点节点，即逆线累减，逢圈取小。

3）总时差和自由时差

工作总时差是指在不影响总工期的前提下，本工作可以利用的机动时间。工作的总时差用 TF 表示。

工作自由时差是指在不影响其紧后工作最早开始时间的前提下，本工作可以利用的机动时间。工作的自由时差用 FF 表示。

四、双代号时标网络计划

双代号时标网络计划是以时间坐标为尺度编制的双代号网络计划。

双代号时标网络计划的特点：① 兼有网络计划与横道图优点，能够清楚地表明计划的时间进程；② 能在图上直接显示各项工作的开始与完成时间、自由时差及关键线路；③ 时标网络计划在绘制中受到时间坐标的限制，因此不易产生循环回路之类的逻辑错误；④ 可以利用时标网络计划图直接统计资源的需要量，以便进行资源优化和调整；⑤ 因为箭线受时标的约束，故绘图不易，修改也较困难，往往要重新绘图，使用计算机以后，这一问题已较易解决。

双代号时标网络计划的适用范围：① 工作项目较少、工艺过程比较简单的工程；② 局部网络计划；③ 作业性网络计划；④ 使用实际进度前峰线进行进度控制的网络计划。

1. 绘制方法

（1）时标网络计划的一般规定：① 双代号时标网络计划必须以水平时间坐标为尺度表示工作时间；② 双代号时标网络计划应以实箭线表示工作，以虚箭线表示虚工作，以波形线表示工作的自由时差；③ 时标网络计划中所有符号在时间坐标上的水平投影位置，都必须与其时间参数相对应。

（2）时标网络计划的绘制方法——直接绘制法，其步骤的口诀如下：① 时间长短坐标限；② 曲直斜平利相连；③ 箭线到齐画节点；④ 画完节点补波线；⑤ 零线尽量拉垂直；⑥ 否则安排有缺陷。

2. 关键线路的确定和时间参数的判读

（1）关键线路的确定。自终点节点逆箭线方向朝起点节点观察，自始至终不出现波形线的线路为关键线路。

（2）工期的确定。时标网络计划的计算工期应是其终点节点与起点节点所在位置的时标值之差。

（3）时间参数的判读。最早时间参数：按最早时间绘制的时标网络计划，每条箭线的箭尾和箭头所对应的时标值应为该工作的最早开始时间和最早完成时间。

自由时差：波形线的水平投影长度。

总时差：自右向左进行，其值等于其紧后工作的总时差的最小值与本工作的自由时差之和。

最迟时间参数：由计算得出。

五、绘制网络计划的步骤

（1）调查研究收集资料。

（2）明确施工方案和施工方法。

（3）明确工期目标。

（4）划分施工过程，明确各施工过程的施工顺序。

（5）计算各施工过程的工程量、劳动量、机械台班量。

（6）明确各施工过程的班组人数、机械台数、工作班数，计算各施工过程的工作持续时间。

（7）绘制初始网络图。

（8）计算各项工作参数，确定关键线路、工期。

（9）检查初始网络计划的工期是否符合工期目标，资源是否均衡，成本是否较低。

（10）进行优化调整。

（11）绘制正式网络计划。

（12）上报审批。

第二节　施工进度网络计划的优化

一、工期优化

工期优化是在满足既定约束条件下，按要求完成工期目标，通过延长或缩短网络计划初始方案的计算工期，以达到要求工期目的，保证按期完成任务。

目标：以缩短工期为目标。

思路：利用缩短关键线路上的某活动的工作时间来缩短工期。

（一）计算工期小于或等于要求工期

工期优化方法如下：

（1）延长关键线路上资源占用量大或直接费用高的工作持续时间。

（2）重新选择施工方案，改变施工机械，调整施工顺序，再重新分析逻辑关系。

（3）编写网络图，计算时间参数。

（4）反复多次进行，直到满足要求工期。

（二）计算工期大于要求工期

可以在不改变网络计划中各项工作之间逻辑关系的前提下，通过压缩关键工作的持续时间来满足要求工期。

选择缩短持续时间的关键工作时，应考虑以下因素：

（1）缩短持续时间对质量和安全影响不大的工作；

（2）有充足备用资源的工作；

（3）缩短持续时间所需增加费用最少的工作。

将所有的关键工作按其是否满足上述三个方面要求，来确定优选系数，优选系数小的关键工作较适宜压缩持续时间。

（三）工期优化步骤

（1）找出关键线路，求出计算工期及应压缩时间。

（2）找出首选被压缩关键工作（压缩后应仍为关键工作，同时不应少于最短持续时间）。

（3）调整后重新计算工期及应压值。

（4）重复，直至满足要求工期为止。

（5）若所有关键工作时间均达极限，工期仍不满足，则应对计划的原技术、组织方案或对要求工期重新审定。

二、费用优化

费用优化又称工期成本优化或时间成本优化，是指寻求总成本最低时的工期安排，或按要求工期寻求最低成本的计划安排过程。

目标：工期短，成本低。

（一）费用和时间的关系

这里的成本是站在企业的角度而言的，其费用随时间影响（叫作实际成本），而不同于就项目本身而言的预算成本。作为企业管理者，当然是站在本企业角度，尽可能降低实际成本发生额。

成本曲线是由直接费用曲线和间接费用曲线叠加而成的，曲线上的最低点就是工程计划的最优方案之一。此方案工程成本最低，相对应的持续时间称为最优工期。

直接费用变化率：

$$\Delta C=\frac{\text{极限直接费用}-\text{正常直接费用}}{\text{正常时间}-\text{极限时间}}$$

（二）费用优化的方法步骤

1. 费用优化的方法

不断地在网络计划中找出直接费用率最小的关键工作，缩短其持续时间，同时考虑间接费用随工期缩短而减少的数值，最后求得工程总成本最低时的最优工期安排或按要求工期求得最低成本的计划安排。

思路：不断压缩关键线路上有压缩可能且费用最少的工作。

2. 费用优化的步骤

（1）按工作的正常持续时间确定计算关键线路、工期、总费用。

（2）计算各工序直接费用率。

（3）当只有一条关键线路时，应找出直接费用率最小的一项关键工作，作为缩短持续时间的对象；当有多条关键线路时，应找出组合直接费用率最小的一组关键工作，作为缩短持续时间的对象。

（4）对于选定的压缩对象，首先比较其直接费用率或组合直接费用率与工程间接费用率的大小。

（5）当需要压缩关键工作的持续时间时，其缩短值的确定必须符合下列两条原则：

a. 缩短后工作的持续时间不能小于其最短持续时间。

b. 缩短时间的工作不能变成非关键工作。

（6）计算关键工作持续时间缩短后相应的总费用变化。

（7）重复上述（3）—（6）步，直到计算工期满足要求工期或被压缩对象的直接费用率或组合费用率大于工程间接费用率为止。

三、资源优化

资源是指为了完成一项计划任务所需投入的人力、材料、机械设备和资金等的统称。

资源限量是单位时间内可供使用的某种资源的最大数量。

资源优化的目的是通过改变工作的开始时间和完成时间，使资源按照时间的分布符合优化目标。

资源优化的种类包括资源有限－工期最短的优化、工期固定－资源均衡的优化。资源有限－工期最短的优化是在满足资源限制条件下，通过调整计划安排，使工期延长最短的过程；工期固定－资源均衡的优化是在工期保持不变的条件下，通过调整计划安排，使资源需要量尽可能均衡的过程。

进行资源优化时的前提条件是：

（1）在优化过程中，不改变网络计划中各项工作之间的逻辑关系。

（2）在优化过程中，不改变网络计划中各项工作的持续时间。

（3）网络计划中各项工作的资源强度为常数，即资源均衡，而且是合理的。

（4）除规定可中断的工作外，一般不允许中断工作，应保持其连续性。

（一）资源有限－工期最短的优化

优化步骤如下：

（1）按照各项工作的最早开始时间安排进度计划，即绘制早时标网络计划，并计算网络计划每个时间单位的资源需要量。

（2）从计划开始日期起，逐个检查每个时段资源需要量是否超过所能供应的资源限量，如果在整个工期范围内每个时段的资源需要量均能满足资源限量的要求，则可行优化方案就编制完成；否则，必须转入下一步进行计划的计算调整。

（3）分析超过资源限量的时段。

（4）绘制调整后网络计划，重新计算每个时间单位的资源需求量。

（5）重复上述（2）—（4）步，直至网络计划整个工期范围内每个时间单位的资源需要量均满足资源限量为止。

（二）工期固定－资源均衡的优化

工期固定－资源均衡的优化是在工期保持不变的条件下，调整工程施工进度计划，使资源需要量尽可能均衡，即整个工程中每个单位时间的资源需要量不出现过高的高峰和过低的低谷，这样可以大大减少施工现场各种临时设施的规模，不仅有利于工程建设的组织与管理，而且可以降低工程施工费用。

优化步骤如下：

（1）按照各项工作的最早开始时间安排进度计划，即绘制早时标网络计划，并计算网络计划每个时间单位的资源需要量。

（2）从网络计划的终点节点开始，按工作完成节点编号值从大到小的顺序依次进行调整。当某一节点同时作为多项工作的完成节点时，应先调整开始时间较迟的工作。

（3）当所有的工作均按上述顺序自右向左调整了一次之后，为使资源需要量更加均衡，再按上述顺序自右向左进行多次调整，直到所有的工作既不能左移，也不能右移为止。

第三节　施工进度网络计划的控制

一、施工进度控制概述

（一）进度控制概念

进度控制是指拟建工程在进度计划的实施过程中，经常检查实际进度是否按照计划进度要求进行，对出现的偏差情况进行分析，采取补救措施或调整、修改原计划后再付诸实施，如此循环，直到建设工程竣工验收、交付使用。

目标：实现合同约定竣工日期。

（二）影响进度控制因素

（1）业主因素；

（2）勘察设计因素；

（3）施工技术因素；

（4）自然环境因素；

（5）社会环境因素；

（6）组织管理因素；

（7）材料设备因素；

（8）资金因素。

（三）施工进度控制程序

依据施工合同确定的开工日期、总工期、竣工日期确定施工进度目标，明确计划开工日期、计划总工期和计划竣工日期，并确定项目分期分批的开工、竣工日期。

（1）编制施工进度计划；

（2）向监理工程师提出开工申请报告，并按照监理工程师所下达开工令的指定日期开工；

（3）实施施工进度计划；

（4）全部任务完成后应进行进度控制总结，并编写进度控制报告。

（四）进度控制措施

1. 经济措施

建立奖惩制度，设置提前工期奖等。当承包人的工程进度与进度目标相比出现偏差时，监理应与承包人一起认真分析原因，对于承包人，如果是资金不足或业主延误付款造成的，应督促业主及时支付工程进度款，如果承包人进度落后的原因不是业主或监理单位造成的，则应要求承包人认真履行合同，并按合同的规定扣除其违约金或罚款。

2. 组织措施

要求承包人建立健全进度控制的管理系统，落实进度控制的组织机构和人员，明确责任制，经常对进度执行情况进行分析，使进度检查和调整工作始终处于动态管理之中。

3. 合同措施

监理工程师利用合同规定的权力，督促承包人全面履行合同，必要时可建议业主采取诸如强制分包或召开工地协调会等手段，促使承包人加快工程进度，完成预定的工期目标。当承包人确无能力在计划工期内完成项目施工时，监理工程师可提供较为详尽的材料，建议业主解除合同。

4. 技术措施

要通过及时分析进度计划执行中的偏差情况，经常研究和分析进度计划执行和编制中存在的问题，找准原因，采取相应的对策，特别要注意引导承包人尽量采用先进的科学技术和管理方法去组织施工，加快进度，提高劳动生产效率，缩短工期。

二、进度计划比较与调整

（一）横道图比较法

横道图中细实线表示计划进度，粗实线表示检查时的实际进度。

该方法适用条件为各施工过程均为匀速进展的情况，如果各过程进展速度不一样，则不能采用该方法，而应采用非匀速进展的横道图比较方法。

（二）实际进度前锋线比较法

在原时标网络计划中，从检查时刻出发，用点画线自上而下将各项工作的实际进度前锋点依次连接，构成一条折线。

实际进度前锋线法比较步骤如下：

（1）绘制早时标网络计划；

（2）绘制实际进度前锋线；

（3）实际进度与计划进度比较；

（4）填写网络计划结果分析表；

（5）分析预测进度偏差及对后续工作的影响。

（三）"香蕉"曲线比较法

"香蕉"曲线是由两条"S"形曲线组合而成的闭合曲线。S 曲线是以横坐标表示时间、以纵坐标表示累计完成任务量的一条曲线，因其形状总体呈"S"形，故称为 S 曲线，也称为 FS 曲线。

第三章　工程项目施工成本控制与管理

第一节　施工成本控制的原则与方法

施工成本控制的核心是对施工过程和成本计划进行实时监控，严格审查各项费用支出是否符合标准，计算实际成本与计划成本之间的差异并进行分析，使之最终实现甚至超过预期的成本目标。

一、施工成本控制的原则

（一）全面控制原则

全面控制包括全员控制和全过程控制。

1. 全员控制

施工项目成本控制涉及与成本形成有关的各部门，也与每个职工切身利益有关。因此，需要把成本目标责任落实到每个部门乃至个人，真正树立起全员控制的观念。

2. 全过程控制

施工成本控制应贯穿施工项目从招投标阶段开始直到项目竣工验收的全过程，它是企业全面成本管理的重要环节。

（二）开源与节流相结合的原则

成本控制的目的是提高经济效益，其途径包括降低成本支出和增加预算收入两个方面。这就需要在成本形成过程中，一方面加强费用支出控制；另一方面加强合同管理，及时办理合同价款的结算。

（三）目标管理原则

目标管理是进行任何一项管理工作的基本方法和手段，成本控制也应遵循这一原则，仿照这一原则执行以下步骤：目标设定—目标的责任到位和执行—检查目标的执行结果—评价和修正目标，从而形成目标管理的计划、实施、检查、处理循环。只有将成本控制置于这样一个良性循环之中，成本目标才能得以实现。

（四）责、权、利相结合的原则

要使成本责任得以落实，责任人应享有一定的权限，这是成本控制得以实现的重要保证。

（五）实时原则

成本发生过程控制的时段应越短越好，做到边干边算，实时控制。一道工序在执行过程中和完成后，岗位应进行自我成本核算，整个项目的施工成本核算与分析的时段，最长不应超过 1 个月，核算与分析过程不应超过月末 3 天。

（六）例外管理原则

有些不常出现的问题，称为例外问题，这类问题通常是通过例外管理来保证其顺利进行的。例如，在成本管理中常见的成本盈亏异常现象；某些暂时的节约，但可能对今后的成本带来隐患等都应视为例外问题进行重点分析，并采取相应的措施加以纠正。

二、施工成本控制的依据

施工成本控制的依据包括以下内容。

（一）工程承包合同

施工成本控制要以工程承包合同为依据，围绕降低工程成本这个目标，从预算收入和实际成本两个方面，努力挖掘增收节支潜力，以求获得最大的经济效益。

（二）施工成本计划

施工成本计划是根据施工项目的具体情况制定的施工成本控制方案，既包括预定的具体成本控制目标，又包括实现控制目标的措施和规划，是施工成本控制的指导文件。

（三）进度报告

进度报告提供了每一时刻工程实际完成量，工程施工成本实际支付情况等重要信息。施工成本控制工作正是通过实际情况与施工成本计划相比较，找出两者之间的差别，分析偏差产生的原因，从而采取措施改进以后的工作。此外，进度报告还有助于管理者及时发现工程实施中存在的隐患，并在事态还未造成重大损失之前采取有效措施，尽量避免损失。

（四）工程变更

在项目实施过程中，由于各方面的原因，工程变更是很难避免的。工程变更一般包括设计变更、进度计划变更、施工条件变更、技术规范与标准变更、施工次序变更、工程数量变更等。一旦出现变更，工程量、工期、成本都将发生变化，从而使得施工成本控制工作变得更加复杂和困难。因此，施工成本管理人员就应当通过变更要求当中各类数据的计算、分析，随时掌握变更情况，包括已发生工程量、将要发生工程量、工期是否拖延、支付情况等重要信息，判断变更以及变更可能带来的索赔额度等。

除了上述几种施工成本控制工作的主要依据，有关施工组织设计、分包合同文本等也都是施工成本控制的依据。

三、施工成本控制的步骤

在确定了施工成本计划之后，必须定期进行施工成本计划值与实际值的比较，当实际值偏离计划值时，分析产生偏离的原因，采取适当的纠偏措施，以确保施工成本控制目标的实现。其步骤如下：

（一）比较

按照某种确定的方式将施工成本计划值与实际值逐项进行比较，以检查施工成本是否已超支。

（二）分析

在比较基础上，对比较的结果进行分析，以确定偏差的严重性及偏差产生的原因。这一步是施工成本控制工作的核心，其主要目的在于找出产生偏差的原因，从而采取有针对性的措施，减少或避免相同原因的问题再次发生或减少由此造成的损失。

（三）预测

按照完成情况估计完成项目所需的总费用。

（四）纠偏

当工程项目的实际施工成本出现了偏差，应当根据工程的具体情况、偏差分析和预测的结果，采取适当措施，以期达到使施工成本偏差尽可能小的目的，纠偏是施工成本控制中最具实质性的一步。只有通过纠偏，才能最终达到有效控制施工成本的目的。

对偏差原因进行分析是为了有针对性地采取纠偏措施，从而实现成本的动态控制和主动控制。纠偏首先要确定纠偏的主要对象，偏差原因有些是无法避免和控制的，如客观原因，充其量只能对其中少数原因做到防患于未然，力求减少该原因所产生的经济损失。在确定了纠偏的主要对象之后，就要采取有针对性的纠偏措施，纠偏可采用组织措施、经济措施、技术措施和合同措施等。

（五）检查

检查是指对工程的进展进行跟踪和检查，及时了解工程进展状况以及纠偏措施的执行情况和效果，为今后的工作积累经验。

四、施工成本控制的要求

建设工程项目施工成本控制应贯穿项目从投标阶段开始直至竣工验收的全过程，它是企业全面成本管理的重要环节。施工成本控制可分为事先控制、事中控制（过程控制）和事后控制。在项目的施工过程中，需按动态控制原理对实际施工成本的发生过程进行有效控制。

合同文件和成本计划是成本控制的目标，进度报告和工程变更与索赔资料是成本控制过程中的动态资料。

成本控制的程序体现了动态跟踪控制的原理。成本控制报告可单独编制，也可以根据需要与进度、质量、安全和其他进展报告结合，提出综合进展报告。

成本控制应满足下列要求：

（1）要按照计划成本目标值来控制生产要素的采购价格，并认真做好材料、设备进场数量和质量的检查、验收与保管。

（2）要控制生产要素的利用效率和消耗定额，如任务单管理、限额领料、验收报告审核等，同时要做好不可预见成本风险的分析和预控，包括编制相应的应急措施等。

（3）控制影响效率和消耗量的其他因素（如工程变更等）所引起的成本增加。

（4）把施工成本管理责任制度与对项目管理者的激励机制结合起来，以增强管理人员的成本意识和控制能力。

（5）承包人必须有一套健全的项目财务管理制度，按规定的权限和程序对项目资金的使用和费用的结算支付进行审核、审批，使其成为施工成本控制的一个重要手段。

五、施工成本控制的方法

（一）施工成本的过程控制方法

施工阶段是控制建设工程项目成本发生的主要阶段，它通过确定成本目标并按计划成本进行施工、资源配置，对施工现场发生的各种成本费用进行有效控制，其具体的控制方法如下。

1. 人工费的控制

人工费的控制实行“量价分离”的方法，将作业用工及零星用工按定额工日的一定比例综合确定用工数量与单价，通过劳务合同进行控制。

2. 材料费的控制

材料费的控制同样按照“量价分离”的原则，控制材料用量和材料价格。

（1）材料用量的控制

1）定额控制。对于有消耗定额的材料，以消耗定额为依据，实行限额发料制度。在规定限额内分期分批领用，超过限额领用的材料，必须先查明原因，经过一定审批手续方可领料。

2）指标控制。对于没有消耗定额的材料，则实行计划管理和按指标控制的方法。根据以往项目的实际耗用情况，结合具体施工项目的内容和要求，制定领用材料指标，据以控制发料。超过指标的材料，必须经过一定的审批手续方可领用。

3）计量控制。准确做好材料物资的收发计量检查和投料计量检查。

4）包干控制。在材料使用过程中，对部分小型及零星材料根据工程量计算出所需材料量，将其折算成费用，由作业者包干控制。

（2）材料价格的控制

材料价格主要由材料采购部门控制。控制材料价格，主要是通过掌握市场信息，应用招标和询价等方式控制材料、设备的采购价。

施工项目的材料物资，包括构成工程实体的主要材料和结构件，以及有助于工程实体形成的周转使用材料和低值易耗品。从价值角度来看，材料物资的价值，占建筑安装工程造价的 60%~70% 以上，其重要程度自然是不言而喻。由于材料物资的供应渠道和管理方式各不相同，所以控制的内容和所采取的控制方法也将有所不同。

3. 施工机械使用费的控制

合理选择、合理使用施工机械设备对成本控制具有十分重要的意义，尤其是高层建筑施工。据统计，高层建筑地面以上部分的总费用中，垂直运输机械费占 6%~10%。由于不同的起重运输机械各有不同的用途和特点，因此在选择起重运输机械时，应根据工程特点和施工条件确定采取何种起重运输机械的组合方式。在确定采用何种组合方式时，应满足施工需要，同时还要考虑费用的高低和综合经济效益。

施工机械使用费主要由台班数量和台班单价两个方面决定，为有效控制施工机械使用费支出，主要从以下几个方面进行控制。

（1）合理安排施工生产，加强设备租赁计划管理，减少因安排不当引起的设备闲置。

（2）加强机械设备的调度工作，尽量避免窝工，提高现场设备的利用率。

（3）加强现场设备的维修保养，避免因不正确使用造成机械设备的停置。

（4）做好机上人员与辅助生产人员的协调与配合，提高施工机械台班产量。

4. 施工分包费用的控制

施工项目成本控制的重要工作之一是对分包价格的控制。项目经理部在确定施工方案的初期就要确定需要分包的工程范围。决定分包范围的因素主要是施工项目的专业性和项目规模。对分包费用的控制，主要是要做好分包工作的询价、订立平等互利的分包合同、建立稳定的分包关系网络、加强施工验收和分包结算等工作。

（二）偏差分析法

在施工成本控制中，把施工成本的实际值与计划值的差异称为施工成本偏差，即：

施工成本偏差＝已完工程计划成本－已完工程实际成本

已完工程计划成本＝已完工程量 × 计划单位成本

已完工程实际成本＝已完工程量 × 实际单位成本

施工成本偏差的计算结果为负，表示施工成本超支；结果为正，表示施工成本节约。

但进度偏差对施工成本偏差分析的结果有重要影响，如某一阶段的施工成本超支，可能是进度超前导致的。

（三）价值工程法

1. 价值工程的概念

价值工程是以提高产品价值和有效利用资源为目的，通过有组织地创造性工作，寻求用最低的寿命周期成本，可靠地实现使用者所需功能，以获得最佳综合效益的一种管理技术。价值工程中“工程”的含义，是指为实现提高价值的目标所进行的一系列分析研究的活动。价值工程中“价值”也是一个相对的概念，是指作为某种产品所具有的功能与获得该功能的全部费用的比值。它不是对象的使用价值，也不是对象的交换价值，而是对象的比较价值，是作为评价事物有效程度的一种尺度。

$$V=\frac{F}{C}$$

式中：V 为价值；F 为研究对象的功能，广义讲是指产品或作业的功用和用途；C 为成本，即寿命周期成本。

为实现物品功能耗费的成本，包括劳动占用和劳动消耗，是指产品的寿命周期的全部费用，是产品的科研、设计、试验、试制、生产、销售、使用、维修直到报废所花费用的总和。

2. 提高价值的途径

按价值工程的公式$V=\frac{F}{C}$

分析，提高价值的途径有五条：

（1）功能提高，成本不变。

（2）功能不变，成本降低。

（3）功能提高，成本降低。

（4）降低辅助功能，大幅度降低成本。

（5）成本稍有提高，大大提高功能。

其中（2）（3）（4）是提高价值，同时也是降低成本的途径，应当选择价值系数低、降低成本潜力大的工程作为价值工程的对象，寻求对成本的有效降低。

3. 价值分析的对象

（1）选择数量大、应用面广的构配件。

（2）选择成本高的工程和构配件。

（3）选择结构复杂的工程和构配件。

（4）选择体积与重量大的工程和构配件。

（5）选择对产品功能提高起关键作用的构配件。

（6）选择在使用中维修费用高、耗能量大或使用期总费用较大的工程和构配件。

（7）选择畅销产品，以保持优势，提高竞争力。

（8）选择在施工中容易保证质量的工程和构配件。

（9）选择施工难度大、花费材料和工时多的工程和构配件。

（10）选择可利用新材料、新设备、新工艺、新结构及在科研上已有先进成果的工程和构配件。

4. 降低施工项目成本的措施

（1）认真会审施工图，积极提出修改意见。

（2）加强合同管理增加工程预算收入。

（3）制定技术先进、经济合理的施工方案。

（4）组织均衡施工，加快施工进度。

（5）加强资源消耗管理，降低材料成本，提高工效和机械利用率。

（6）加强现场管理科学化，堵塞浪费漏洞。

（7）加强质量管理，控制质量成本。

（四）赢得值（挣值）法

赢得值法（EVM）作为一项先进的项目管理技术，最初是美国国防部于1967年首次确立的。截至2023年国际上先进的工程公司已普遍采用赢得值法进行工程项目的费用、进度综合分析控制。用赢得值法进行费用、进度综合分析控制，基本参数有三项，即已完工作预算费用、计划工作预算费用和已完工作实际费用。

1. 赢得值法的三个基本参数

（1）已完工作预算费用。已完工作预算费用为BCWP，是指在某一时间已经完成的工作（或部分工作），以批准认可的预算为标准所需要的资金总额，由于业主正是根据这个值为承包人完成的工作量支付相应的费用，也就是承包人获得（挣得）的金额，故称赢得值或挣得值。

已完工作预算费用（BCWP）= 已完成工作量 × 预算（计划）单价

（2）计划工作预算费用。计划工作预算费用为BCWS。即根据进度计划，在某一时刻应当完成的工作（或部分工作），以预算为标准所需要的资金总额，一般来说，除非合同有变更，BCWS在工作实施过程中应保持不变。

计划工作预算费用（BCWS）= 计划工作量 × 预算（计划）单价

（3）已完工作实际费用。已完工作实际费用为ACWP，即到某一时刻为止，已完成的工作（或部分工作）所实际花费的总金额。

已完工作实际费用（ACWP）= 已完成工作量 × 实际单价

2. 赢得值法的四个评价指标

在这三个基本参数的基础上，可以确定赢得位法的四个评价指标。

（1）费用偏差CV

费用偏差（CV）= 已完工作预算费用（BCWP）– 已完工作实际费用（ACWP）

当费用偏差CV为负值时，即表示项目运行超出预算费用；当费用偏差CV为正值时，表示项目运行节支，实际费用没有超出预算费用。

（2）进度偏差SV

进度偏差（SV）= 已完工作预算费用（BCWP）– 计划工作预算费用（BCWS）

当进度偏差SV为负值时，表示进度延误，即实际进度落后于计划进度；当进度偏差SV为正值时，表示进度提前，即实际进度快于计划进度。

（3）费用绩效指数（CPI）

费用绩效指数（CPI）= 已完工作预算费用（BCWP）/ 已完工作实际费用（ACWP）

当费用绩效指数（CPI）<1时，表示超支，即实际费用高于预算费用；当费用绩效指数（CPI）>1时，表示节支，即实际费用低于预算费用。

（4）进度绩效指数（SPI）

进度绩效指数（SPI）= 已完工作预算费用（BCWP）/ 计划工作预算费用（BCWS）

当进度绩效指数（SPI）<1时，表示进度延误，即实际进度比计划进度慢；当进度绩效指数（SPI）>1时，表示进度提前，即实际进度比计划进度快。

费用（进度）偏差反映的是绝对偏差，结果很直观，有助于费用管理人员了解项目费用出现偏差的绝对数额，并依此采取一定措施制订或调整费用支出计划和资金筹措计划。但是，绝对偏差有其不容忽视的局限性，如同样是10万元的费用偏差，对于总费用1 000万元的项目和总费用1亿元的项目而言，其严重性显然是不同的，因此，费用（进度）偏差仅适合于对同一项目作偏差分析。费用（进度）绩效指数反映的是相对偏差，它不受项目层次的限制，也不受项目实施时间的限制，因而在同一项目和不同项目比较中均可采用。

在项目的费用、进度综合控制中引入赢得值法，可以克服过去进度、费用分开控制的缺点，即当我们发现费用超支时，很难立即知道是由于费用超出预算，还是由于进度提前。相反，当我们发现费用低于预算时，也很难立即知道是由于费用节省，还是由于进度拖延。而引入赢得值法即可定量地判断进度、费用的执行效果。

第二节　工程变更

一、工程变更的内容

由于工程项目建设的周期长、涉及的关系复杂、受自然条件和客观因素的影响大，导致项目的实际施工情况与招标投标时的情况相比往往会有一些变化，出现工程变更。工程变更包括工程量的变更、工程项目的变更（如发包人提出增加或删减原项目内容）、进度计划的变更、施工条件的变更等。如果按照变更的起因划分，变更的种类很多，如发包人变更指令（包括发包人对工程有了新的要求、发包人修改项目计划、发包人削减预算、发包人对项目进度有了新的要求等）；由于设计错误，必须对设计图纸进行修改；工程环境变化；由于产生了新的技术和知识，有必要改变原设计、实施方案或计划；法律法规或者政府对建设项目有了新的要求；等等。

二、工程变更的程序

（一）《建设工程施工合同（示范文本）》条件下的工程变更

1. 工程变更的程序

（1）工程设计变更程序

1）发包人对原设计进行变更。施工中发包人如果需要对原工程设计进行变更应提前 14 天以书面形式向承包人发出变更通知。承包人对于发包人的变更通知没有拒绝的权利，这是合同赋予发包人的一项权利。因为发包人是工程的出资人、所有人和管理者，对将来工程的运作承担主要的责任，只有赋予发包人这样的权利才能减少更大的损失。但是，变更超过原设计标准或批准的建设规模时，发包人应报规划管理部门和其他有关部门重新审查批准，并且原设计单位提供变更的有关图纸和说明。承包人按照工程师发出的变更通知及有关要求变更。

2）承包人对原设计进行变更的原因。施工中承包人不得为了施工方便而要求对原工程设计进行变更，承包人应当严格按照图纸施工，不得随意变更设计。施工中承包人提出的合理化建议涉及对设计图纸或者施工组织设计的变更及对原材料、设备的变更，须经工程师同意。工程师同意变更后，还须经原规划管理部门及其他有关部门审查批准，并由原设计单位提供变更的相应图纸和说明。

未经工程师同意承包人擅自更改或使用，承包人应承担由此产生的费用，并赔偿发包人的有关损失，延迟的工期不予顺延。工程师同意采用承包人的合理化建议，所产生费用和获得收益的分担或分享，由发包人和承包人另行约定。

（2）其他变更的程序

从合同角度来看，除设计变更外，其他能够导致合同内容变更的都属于其他变更。如双方对工程质量要求的变化（如涉及强制性标准的变化）、双方对工期要求的变化、施工条件和环境的变化导致施工机械和材料的变更等。这些变更的程序，首先应当由一方提出，与对方协商一致后，方可进行变更。

2. 工程变更价款的确定程序

（1）承包人在工程变更确定 14 天后，可以提出变更涉及的追加合同价款要求的报告，经工程师确定后相应调整合同价款。

如果承包人在双方确定变更后的 14 天内，未向工程师提出变更工程价款的报告，视为该项变更不涉及合同价款的调整。

（2）工程师应在收到承包人变更合同价款的 14 天内，对承包人的要求予以确认或作出其他答复。工程师无正当理由不确定或答复时，自承包人的报告送达之日起 14 天后，视为变更价款报告已被确认。

（3）工程师将确认增加的工程变更价款作为追加合同价款，与工程进度款同期支付。工程师不同意承包人提出的变更价款，按合同约定的争议条款处理。

因承包人自身原因导致的工程变更，承包人无权要求追加合同款项。如由于承包人原因实际施工进度滞后于计划进度，某工程部位的施工与其他承包人的施工发生干扰，工程师发布指示改变了施工时间和顺序，导致施工成本的增加或效率降低，承包人无权要求补偿。

（二）FIDIC 施工合同条件下的工程变更

1. 工程变更权

根据 FIDIC 施工合同条件（1999 年第 1 版）的约定，在颁布工程接收证书前的任何时间，工程师可通过发布指令或要求承包人提交建议书的方式，提前变更。承包人应遵守并执行每项变更，除非承包人立即向工程师发出通知，说明（附详细根据）承包人难以取得变更所需的货物。工程师接到此类通知后，应取消、确认或改变原指示。每项变更可包括：

（1）合同中包括的任何工作内容的数量的改变（但此类改变不一定构成变更）。

（2）任何工作内容的质量或其他特性的改变。

（3）任何部分工程的标高、位置和（或）尺寸的改变。

（4）任何工作的删减，但要交他人实施的工作除外。

（5）永久工程所需的任何附加工作、生产设备、材料或服务，包括任何有关的竣工试验、钻孔和其他试验和勘探工作。

（6）实施工程的顺序或时间安排的改变。

除非工程师指示或批准了变更，承包人不得对永久工程做任何改变和修改。

2. 工程变更程序

如果工程师在发出变更指示前要求承包人提出一份建议书，承包人应尽快提出书面回应，或提出不能照办的理由（如果情况如此），或提交：

（1）对建议要完成工作的说明，以及实施的进度计划。根据进度计划和竣工时间要求承包人提交一份建议书，承包人对进度计划作出必要修改的建议书。

（2）承包人对变更估价的建议书。

（3）工程师收到此类建议书后，应尽快给予批准、不批准或提出意见的回复。在等待答复期间，承包人不应延误任何工作。应由工程师向承包人发出执行每项变更并附做好各项费用记录的任何要求的指示，承包人应确定收到该指示。

3. 建设工程监理规范规定的工程变更程序

建设工程监理规范规定：项目监理机构应按下列程序处理工程变更。

（1）设计单位对原设计存在的缺陷提出的工程变更，应编制设计变更文件；建设单位、承包单位提出的变更，应提交总监理工程师，由总监理工程师组织专业监理工程师审查。审查同意后，应由建设单位转交原设计单位编制设计变更文件。工程变更涉及安全、环保等内容时，应按规定经有关部门审定。

（2）项目监理机构应了解实际情况和收集与工程变更有关的资料。

（3）总监理工程师必须根据实际情况设计变更文件和其他有关资料，按照施工合同的有关款项，在指定专业监理工程师完成下列工作后，对工程变更的费用和工期作出评估。

1）确定工程变更项目与原工程项目之间的类似程度和难易程度。

2）确认变更项目的工程量。

3）确认工程变更的单价和总价。

（4）总监理工程师应就工程变更费用及工期的评估情况与承包人和发包人进行协调。

（5）总监理工程师签发工程变更单。工程变更单应包括工程变更要求、工程变更说明、工程变更费用和工期、必要的附件等内容，有设计变更文件的工程变更应附设计变更文件。

（6）项目监理机构根据项目变更监督承包人实施。在发包人和承包人未能就工程变更的费用等方面达成协议时，项目监理机构应提出一个暂定的价格，作为临时支付工程款的依据。该工程款最终结算时，应以发包人和承包人达成的协议为依据，在总监理工程师签发工程变更单之前，承包人不得实施工程变更。未经总监理工程师审查同意而实施的工程变更，项目监理机构不得予以计算。

三、工程变更价款的确定方法

（一）《建设工程施工合同（示范文本）》约定的工程变更价款的确定方法

认方法在工程变更确认后 14 天内，设计变更涉及工程价款调整的，由承包人向发包人提出，经发包人审核同意后调整合同价款。变更合同价款按照下列方法进行。

（1）合同中已有适用于变更工程的价格，按合同已有的价格变更合同价款。

（2）合同中只有类似于变更工程的价格，可以参照类似价格变更合同价款。

（3）合同中没有适用或类似于变更工程的价格，由承包人或发包人提出适当的变更价格，经对方确认后执行。

如双方不能达成一致意见，双方可以向工程所在地施工成本管理机构进行咨询或按合同约定的争议或纠纷解决程序办理。因此，在工程变更后合同价款的确定上，首先应当考虑使用合同中已有的、能够适用或者能够参照适用的，其原因在于合同中已经订立的价格（一般是通过招标投标）是较为公平合理的，因此应当尽量采用。

采用合同中工程量清单的单位或价格有几种情况：一是直接套用，即从工程量清单上直接拿来使用；二是间接套用，即依据工程量清单，通过换算后采用；三是部分套用，即依据工程量清单，取其价格中的某一部分使用。

（二）FIDIC 施工合同条件下工程变更价款的确定方法

1. 工程变更价款的一般原则

承包人按照工程师的变更指令实施变更工作后，往往会涉及对变更工程价款的确定问题，变更工程的费率或价格，往往是双方协商的焦点。计算变更工程应采用的费率或价格，可分三种情况。

（1）变更工作在工程量表中有同种工作内容的单价，应以该费率计算变更工程费用。

（2）工程量表中虽然列有同类工程的单价或价格，但对具体变更工作而言已不适用，则应在原单价和价格的基础上制定合理的新单价或价格。

（3）变更工作的内容在工程量表中没有同类工作的费率和价格，应按照与合同单价水平相一致的原则，确定新的费率或价格。

2. 工程变更采用新费率或价格的情况

FIDIC 施工合同条件（1999 年第 1 版）约定：在以下情况下宜对有关工作内容采用新的费率或价格。

（1）第一种情况

1）如果此项工作实际测量的工程量比工程量表或其他报表中规定的工程量的变动大于 10%。

2）工程量的变化与该项工作规定的费率的乘积超过了中标的合同金额的 0.01%。

3）此工程量的变化直接造成该项工作单位成本的变动超过 1%。

4）此项工作不是合同规定的“固定费率项目”。

（2）第二种情况

1）此工作是根据变更与调整的指示进行的。

2）合同没有规定此项工作的费率或价格。

3）由于该项工作与合同中的任何工作都没有类似的性质或不在类似的条件下进行，故没有一个规定的费率或价格适用。

每种新的费率或价格应在考虑以上描述的有关事项对合同中相关费率和

价格加以合理调整后得出。如果没有相关的费率或价格可供推算新的费率或价格，应根据实施该工作的合理成本和合理利润，并考虑其他相关事项后提出。

（三）《建设工程工程量清单计价规范》规定的工程变更价款的确定方法

《建设工程工程量清单计价规范》规定：合同中综合单价因工程量变更需调整时除合同另有约定外，应按照下列方法确定：

工程量清单漏项或设计变更引起的新的工程量清单项目，其相应综合单价由承包人提出，经发包人确认后作为结算的依据。

由于工程量清单的工程数量有误或设计变更引起工程量增减，属合同约定幅度以内的，应执行原有的综合单价；属合同约定幅度以外的，其增加部分的工程量或减少后剩余部分的工程量的综合单价由承包人提出，经发包人确认后作为结算的依据。

第三节　索赔与现场签证

一、施工索赔概述

（一）施工索赔的概念

施工索赔，是指施工合同当事人在合同实施过程中，根据承包合同、国际惯例及相关法律法规，对于自身过错，向合同对方提出给予补偿或赔偿的权利要求。在实际工作中，“索赔”是双向的，建设单位和施工单位都可能提出索赔要求，通常情况下，索赔是指承包商在合同实施过程中，对非自身原因造成的工程延期、费用增加而要求业主给予补偿损失的一种权利要求，而业主对于属于施工单位应承担责任造成的，且实际发生的损失，向施工单位要求赔偿，称为反索赔。索赔的性质属于经济补偿行为，而不是惩罚，索赔在一般情况下都可以通过协商方式友好解决，若双方无法达成妥协时，争议可通过仲裁解决。

（二）施工索赔的分类

索赔可以从不同的角度、按不同的标准进行以下分类。

1. 按索赔事件所处的合同状态分类

可分为正常施工索赔、工程停（缓）建索赔和解除合同索赔。正常施工索赔是指正常履行合同中发生的各种违约、变更、不可预见因素、加速施工等引起的索赔；工程停（缓）建索赔是指已经履行合同的工程因不可抗力、政府政策、资金等原因必须中途停止施工引起的索赔；解除合同索赔是指因合同中的一方严重违约，导致合同无法正常履行的情况下，另一方行使解除合同权利所引起的索赔。

2. 按索赔发生的原因分类

例如，发包人违约索赔、工程量增加索赔、不可预见因素索赔、不可抗力损失索赔、第三方因素索赔等，按索赔发生的原因分类能明确指出每一项索赔的根源所在，使业主和工程师便于审核分析。

3. 按索赔的目的分类

按索赔的目的可分为工期索赔和费用索赔。工期索赔是指承包人对施工中发生的非承包人直接或间接责任事件造成工期延误，而要求业主延长施工时间，使原规定的工程竣工日期顺延，从而避免了违约罚金的发生；费用索赔是指承发包人双方对施工中发生的非自身直接或间接责任事件造成的费用损失，要求另一方补偿费用损失，进而调整合同价款。

4. 按索赔的依据分类

按索赔的依据分类可分为合同内索赔和合同外索赔。合同内索赔是指索赔涉及的内容在合同文件中能够找到依据，业主或承包商可以据此提出索赔要求。如工期延误、工程变更、发包人未按合同规定支付工程款等。合同内索赔不容易产生争议，往往容易索赔。合同外索赔是指索赔涉及的内容在合同文件中没有专门的文字叙述，但可以根据该合同某些条款的含义，推论出一定的索赔权。

5. 按索赔的有关当事人分类

可分为承包商同业主之间的索赔、总承包商同分承包商之间的索赔、承包商同供应商之间的索赔、承包商向保险公司和运输公司的索赔等。

6. 按索赔的业务性质分类

可分为工程索赔和商务索赔。工程索赔是涉及工程项目建设中施工条件或施工技术、施工范围等变化引起的索赔；商务索赔是实施工程项目过程中的物资采购、运输、保管等活动方面引起的索赔事项。

7. 按索赔的处理方式分类

可分为单项索赔和总索赔。单项索赔就是采取一事一索赔的方式，即每一件索赔事项发生后，报送索赔通知书，编报索赔报告，要求单项解决支付，不与其他的索赔事项混在一起；总索赔（综合索赔或一揽子索赔）是指对整个工程（或某项工程）中所发生的数起索赔事项，综合在一起进行索赔。

（三）施工索赔发生的原因

在工程建设中索赔是经常发生的，其主要原因有：

1. 设计方面

在工程施工阶段发生设计与实际间的差异等原因导致的工程项目在工期、人工、材料等方面的索赔。

2. 施工合同方面

在施工过程中双方在签订施工合同时未能充分考虑和明确各种因素对工程建设的影响，致使施工合同在履行中出现这样那样的矛盾，从而引起施工索赔。

3. 意外风险和不可预见因素

在施工过程中，发生了如地震、台风、泥石流、地质断层、天然溶洞、沉陷和地下构筑物等引起的施工索赔。

4. 不依法履行施工合同

承发包双方在履行施工合同的过程中往往因一些意见分歧和经济利益驱动等人为因素，不严格执行合同文件而引起的施工索赔。

5. 工程项目建设承发包管理模式变化

当前的建筑市场，工程项目建设的承发包有总包、分包、指定分包、劳务承包、设备材料供应承包等一系列的承包方式，使工程项目建设的承发包变得复杂及管理模式难度增大。当任何一个承包合同不能顺利履行或管理不善，都会引发在工期、质量、数量和经济等方面的索赔。

（四）施工索赔的依据

总体而言，索赔的依据主要是两个方面：合同文件、法律法规。针对具体的索赔要求（工期或费用），索赔的具体依据不尽相同。

1. 合同文件

合同文件是索赔的最主要依据，包括：

（1）本合同协议书。

（2）中标通知书。

（3）投标书及其附件。

（4）合同通用条款。

（5）标准、规范及有关技术文件。

（6）图纸。

（7）工程量清单。

（8）工程报价单或预算书。

（9）合同履行中，发包人与承包人有关工程的洽商、变更等书面协议或文件的组成部分。

（10）其他合同文件。

2. 订立合同所依据的法律法规

（1）适用法律和法规。建设工程合同文件适用的国家法律和行政法规。需要明示的法律、行政法规，由双方在专用条款中约定。

（2）适用标准、规范。双方在专用条款内约定适用国家标准、规范和名称。

（五）施工索赔的证据

索赔证据是指当事人用来支持其索赔成立或与索赔有关的证明文件和资料。索赔证据作为索赔文件的组成部分，在很大程度上关系到索赔的成功与否。证据不全、不足或没有证据，索赔是很难获得成功的。常见的工程索赔证据主要包括以下类型。

（1）各种合同文件，包括施工合同协议书及其附件、中标通知书、投标书、标准和技术规范、图纸、工程量清单工程报价单或者预算书、有关技术资料和要求、施工过程中的补充协议等。

（2）工程各种往来函件、通知、答复等。

（3）各种会谈纪要。

（4）经过发包人或者工程师批准的承包人的施工进度计划、施工方案、施工组织设计和现场实施情况记录。

（5）工程各项会议纪要。

（6）气象报告和资料，如有关温度、风力、雨雪的资料。

（7）施工现场记录。包括有关设计交底，设计变更，施工变更指令，工程材料和机械设备的采购、验收与使用等方面的凭证及材料供应清单，合格证书，工程现场水、电、道路等开通、封闭的记录，停水、停电等各种干扰事件的时间和影响记录等。

（8）工程有关照片和录像等。

（9）施工日记、备忘录等。

（10）发包人或者工程师签认的签证。

（11）发包人或者工程师发布的各种书面指令和确认书，以及承包人的要求、请求、通知书等。

（12）工程中的各种检查验收报告和各种技术鉴定报告。

（13）工地的交接记录（应注明交接日期，场地平整情况，水、电、路情况等），图纸和各种资料交接记录。

（14）建筑材料和设备的采购、订货、运输、进场，使用方面的记录、凭证和报表等。

（15）市场行情资料，包括市场价格、官方的物价指数、工资指数、中央银行的外汇比率等公布材料。

（16）投标前发包人提供的参考资料和现场资料。

（17）工程结算资料、财务报告、财务凭证等。

（18）各种会计核算资料。

（19）国家法律、法令、政策文件。

二、施工索赔的程序

工程施工中承包人向发包人索赔、发包人向承包人索赔以及分包人向承包人索赔的情况都有可能发生。特别是承包人向发包人索赔，要善于及时发现和提出索赔。承包人向发包人索赔的一般程序和方法如下。

（一）索赔意向通知

在工程实施过程中发生索赔事件以后，或者承包人发现索赔机会，首先要提出索赔意向。索赔意向书应在合同规定时间内用书面形式及时通知发包人或者工程师，向对方表明索赔愿望、要求或者声明保留索赔权利，这是索赔工作程序的第一步。

索赔意向书通常包括以下几方面的内容：

（1）要简明扼要地说明索赔事由发生的时间、地点和简单事实情况。

（2）索赔依据和理由。

（3）后续资料的提供。

（4）索赔事件的不利影响等。

（二）索赔资料的准备

在索赔资料准备阶段，主要工作有：

（1）跟踪和调查干扰事件，掌握事件产生的详细经过。

（2）分析干扰事件产生的原因，划清各方责任，确定索赔根据。

（3）损失或损害调查分析与计算，确定工期索赔和费用索赔值。

（4）收集证据，获得充分而有效的各种证据。

（5）起草索赔文件。

（三）索赔文件的提交

提出索赔的一方应该在合同规定的时限内向对方提交正式的书面索赔文件。例如，FIDIC 合同条件和我国《建设工程施工合同（示范文本）》都规定，承包人必须在发出索赔意向通知后的 28 天内或经过工程师同意的其他合理时间内向工程师提交一份详细的索赔文件和有关资料。如果干扰事件对工程的影响持续时间长，承包人则应按工程师要求的合理间隔（一般为 28 天）提交中间索赔报告，并在干扰事件影响结束后的 28 天内提交一份最终索赔报告，否则将失去该事件请求补偿的索赔权利。

（四）索赔文件的审核

对于承包人向发包人的索赔请求，索赔文件首先应该交由工程师审核。工程师根据发包人的委托或授权，对承包人索赔的审核工作主要分为判定索赔事件是否成立和核查承包人的索赔计算是否正确、合理两个方面，并可在授权范围内作出判断，初步确定补偿额度，或者要求补充证据，或者要求修改索赔报告等。对索赔的初步处理意见要提交发包人。

（五）发包人审查

对于工程师的初步处理意见，发包人须进行审查和批准，然后工程师才可以签发有关证书。如果索赔额度超过了工程师权限范围时应由工程师将审查的索赔报告报请发包人审批，并与承包人谈判解决。

（六）谈判

对于工程师的初步处理意见发包人和承包人可能都不接受或者其中的一方不接受，三方可就索赔的解决进行协商，达成一致，其中可能包括复杂的谈判过程，经过多次协商才能达成，如果经过努力无法就索赔事宜达成一致意见，则发包人和承包人可根据合同约定选择采用仲裁或者诉讼方式解决。

（七）反索赔的基本内容

反索赔的工作内容包括防止对方提出索赔和反击或反驳对方的索赔要求。要成功地防止对方提出索赔，应采取积极的防御策略。首先是自己严格履行合同规定的各项义务，防止自己违约，并通过加强合同管理，使对方找不到索赔的理由和根据，使自己处于不能被索赔的地位。其次，如果在工程实施过程中发生了干扰事件，则应立即着手研究和分析合同依据，收集证据，为提出索赔和反索赔做好两手准备。

如果对方提出了索赔要求或索赔报告，则自己一方应采取各种措施来反击或反驳对方的索赔要求。常用的措施有：

第一，抓对方的失误，直接向对方提出索赔，以对抗或平衡对方的索赔要求，以求在最终解决索赔时互相让步或者互不支付；

第二，针对对方的索赔报告，进行仔细、认真的研究和分析，找出理由和证据，证明对方索赔要求或索赔报告不符合实际情况和合同规定，没有合同依据或事实证据，索赔值计算不合理或不准确等问题，反击对方的不合理索赔要求，推卸或减轻自己的责任，使自己不受或少受损失。

三、施工费用索赔的计算

费用索赔都是以补偿实际损失为原则，实际损失包括直接损失和间接报失两个方面，其中要注意的一点是索赔对建设单位不具有任何惩罚性质。因此，所有干扰事件引起的损失以及这些损失的计算，都应有详细的具体证明，并在索赔报告中出具这些证据。没有证据，索赔要求不能成立。

（一）索赔费用的组成

1. 人工费

对于索赔费用中的人工费部分。包括：完成合同之外的额外工作所花费的人工费用，由于非施工单位责任导致的工效降低所增加的人工费用，法定的人工费增长以及非施工单位责任工程延误导致的人员窝工费和工资上涨费等。

2. 材料费

对于索赔费用中的材料费部分，包括：由于索赔事项的材料实际用量超过计划用量而增加的材料费，由于客观原因材料价格大幅度上涨费用，由于非施工单位责任工程延误导致的材料价格上涨和材料超期储存费用。

3. 施工机械使用费

对于索赔费用中的施工机械使用费部分，包括：由于完成额外工作增加的机械使用费，由于非施工单位责任的工效降低增加的机械使用费，由于建设单位或监理工程师原因导致机械停工的窝工费。

4. 分包费用

分包费用索赔指的是分包人的索赔费。分包人的索赔应如数列入总承包人的索赔款总额以内。

5. 工地管理费

工地管理费是指施工单位完成额外工程、索赔事项工作以及工期延长期间的工地管理费，但如果对部分工人窝工损失索赔时，因其他工程仍然进行，可能不予计算工地管理费索赔。

6. 利息

对于索赔费用中的利息部分，包括：拖期付款利息，由于工程变更的工程延误增加投资的利息，索赔款的利息，错议扣款的利息。这些利息的具体利率，有这样几种规定：按当时的银行贷款利率，按当时的银行透支利率，按合同双方协议和利率。

7. 总部管理费

主要是指工程延误期间所增加的管理费。

8. 利润

一般来说，由于工程范围的变更和施工条件变化引起的索赔，施工单位可列入利润。索赔利润的款额计算通常是与原报价单中的利润百分率保持一致，即在直接费用的基础上增加原报价单元中的利润率，作为该项索赔的利润。

（二）索赔费用的计算原则和计算方法

在确定赔偿金额时，应遵循下述两个原则：所有赔偿金额，都应该是施工单位为履行合同所必须支出的费用；按此金额赔偿后，应使施工单位恢复到未发生事件前的财务状况。即施工单位不致因索赔事件而遭受任何损失，但也不得因索赔事件而获得额外收益。

由上述原则可以看出，索赔金额是用于赔偿施工单位因索赔事件而受到的实际损失（包括支出的额外成本、失掉的可得利润），而不考虑利润。所以索赔全额计算的基础是成本。用索赔事件影响所产生的成本减去事件影响时所应有的成本，其差值即为赔偿金额。

索赔金额的计算方法很多，各个工程项目都可能因具体情况不同而采用不同的方法，主要有三种。

1. 总费用法

计算出索赔工程的总费用，减去原合同报价，即得索赔金额。

这种计算方法简单但不尽合理，因为实际完成工程的总费用中，可能包括由于施工单位的原因（如管理不善、材料浪费、效率太低等）所增加的费用，而这些费用是属于不该索赔的；另外，原合同价也可能因工程变更或单价合同中的工程量变化等原因而不能代表真正的工程成本。凡此种种原因，使得采用此法往往会引起争议，遇到障碍，故一般不常用。

但是在某些特定条件下，当具体计算索赔金额很困难，甚至不可能时，则也有采用此法的。这种情况下应具体核实已开支的实际费用，取消其不合理部分，以求接近实际情况。

2. 修正的总费用法

原则上与总费用法相同，计算对某些方面作出相应的修正，以使结果更趋合理，修正的内容主要有：一是计算索赔金额的时期仅限于受事件影响的时段，而不是整个工期。二是只计算在该时期内受影响项目的费用，而不是全部工作项目的费用。三是联单不直接采用原合同报价，而是采用在该时期内如未受事件影响而完成该项目的合理费用。根据上述修正，可比较合理地计算出因索赔事件影响而实际增加的费用。

3. 实际费用法

实际费用法即根据索赔事件所造成的损失或成本增加，按费用项目逐项进行分析、计算索赔金额的方法。这种方法比较复杂，但能客观地反映施工单位的实际损失，比较合理，易于被当事人接受，在国际工程中被广泛采用。实际费用法是按每个索赔事件所引起很小的费用项目分别分析计算索赔值的一种方法，通常分三步：第一步分析每个或每类索赔事件所影响的费用项目，不得有遗漏。这些费用项目通常应与合同报价中的费用项目一致。第二步计算每个费用项目受索赔事件影响的数值，通过与合同价中的费用价值进行比较即可得到该项费用的索赔值。第三步将各费用项目的索赔值汇总，得到总费用索赔值。

四、施工工期索赔的计算

工期延误（工程延误或进度延误）是指工程实施过程中任何一项或多项工作的实际完成日期迟于计划规定的完成日期，从而可能导致整个合同期的延长。工期延误对合同双方一般都会造成损失。工期延误的后果是形式上的时间损失，实质上会造成经济损失。工期索赔一般是指承包商依据合同对由于非自身的原因而导致的工期延误向业主提出的工期顺延要求。工期索赔也应有详细的具体证明，并在索赔报告中出具这些证据。没有证据，工期索赔要求亦不能成立。

（一）工期索赔的分析

工期索赔的分析包括延误原因分析、延误责任的界定、网络计划（CPM）分析、工期索赔的计算等。

运用网络计划（CPM）方法分析延误事件是否发生在关键线路上，以决定延误是否可以索赔。在工期索赔中一般只考虑对关键线路上的延误或者非关键线路因延误而变为关键线路时才给予顺延工期。

（二）工期索赔的计算方法

1. 直接法

如果某干扰事件直接发生在关键线路上，造成总工期的延误，可以直接将该干扰事件的实际干扰时间（延误时间）作为工期索赔值。

2. 比例分析法

如果某干扰事件仅仅影响某单项工程、单位工程或部分项工程的工期，要分析其对总工期的影响，可以采用比例分析法。采用比例分析法时，可以按工程量的比例进行分析。

3. 网络分析法

在实际工程中，影响工期的干扰事件可能会很多，每个干扰事件的影响程度可能都不一样，有的直接在关键线路上，有的不在关键线路上，多个干扰事件的共同影响结果究竟有多少可能引起合同双方很大的争议，采用网络分析方法是比较科学合理的方法，其思路是：假设工程按照双方认可的工程网络计划确定的施工顺序和时间施工，当某个或某几个干扰事件发生后，使网络中的某个工作或某些工作受到影响，使其持续时间延长或开始时间推迟，从而影响总工期，则将这些工作受干扰后的新的持续时间和开始时间等代入网络中，重新进行网络分析和计算，得到的新工期与原工期之间的差值就是干扰事件对总工期的影响，也就是承包商可以提出的工期索赔值。

网络分析方法通过分析干扰事件发生前和发生后网络计划的计算工期之差来计算工期索赔值，可用于各种干扰事件和多种干扰事件共同作用所引起的工期索赔。

第四节　施工项目竣工结算

一、施工项目竣工结算

（一）施工项目工程费用的主要结算方式

工程费用的结算可以根据不同情况采取多种方式。

1. 按月结算

即先预付工程预付款，在施工过程中按月结算工程进度款，竣工后进行竣工结算。

2. 竣工后一次结算

建设工程项目或单项工程全部建筑安装工程建设期在 12 个月以内，或者一程承包合同价值在 100 万元以下的，可以实行工程价款每月月中预支，竣工后一次结算的方式。

3. 分段结算

即当年开工、当年不能竣工的单项工程或单位工程按照一程进度，划分不同阶段进行结算。分段结算可以按月预支工程款，各阶段完成后结算。

（二）工程费用的支付方法和时间

按《建设工程施工合同（示范文本）》的规定，工程费用的支付方式和时间可划分为工程预付款、工程进度款、竣工结算款和返还保修金。

1. 工程预付款

工程预付款是指建设工程施工合同订立后由发包人按照合同约定，在正式开工前预先支付给承包人的工程款，是施工准备和所需要材料、结构件等流动资金的主要来源，国内习惯上又称为预付备料款。工程预付款的具体事宜由承发包双方根据建设行政主管部门的规定，结合工程款、建设工期和包工包料情况在合同中的约定。在《建设工程施工合同（示范文本）》中，对有关工程预付款做了如下约定："实行工程预付款的，双方应当在专用条款内约定发包人向承包人预付工程款的时间和数额，开工后按约定的时间和比例逐次扣回。预付时间不迟于约定的开工日期前 7 天。发包人不按约定预付，承包人在约定时间 7 天后向发包人发出要求预付的通知，发包人应从约定应付之日起向承包人支付应付款的贷款利息，并承担违约责任。"

工程预付款额度，各地区、各部门的规定不完全相同，主要是保证施工所需材料和构件的正常储备。一般根据施工工期、建筑安装工作量、主要材料和构件费用占建筑安装工作量的比例以及材料储备周期等因素经测算来确定。发包人根据工程的特点、工期长短、市场行情、供求规律等因素，招标时在合同条件中约定工程预付款的百分比。

发包人支付给承包人的工程预付款的性质是预支。随着工程进度的推进，拨付的工程进度款数额不断增加，工程所需主要材料、构件的用量逐渐减少，原已支付的预付款应以抵扣的方式予以陆续扣回，扣款的方法有以下几种。

（1）发包人和承包人通过洽商用合同形式予以确定，可采用等比例或等额扣款的方式。

也可针对工程实际情况具体处理，如有些工程工期较短、造价较低，就无须分期扣还；有些工期较长，如跨年度工程，其预付款占用时间很长，根据需要可以少扣或不扣。

（2）从未施工工程尚需的主要材料及构件的价值相当于工程预付款数额时扣起，从每次中间结算工程价款中，按材料及构件比重扣抵工程价款，至竣工之前全部扣清。因此，确定起扣点是工程预付款起扣的关键。确定工程预付款起扣点的依据是：未完施工工程所需主要材料和构件的费用，等于工程预付款的数额。

工程预付款起扣点可按下式计算：

$$T=P-\frac{M}{N}$$

式中：T——起扣点，即工程预付款开始扣回的累计完成工程金额；

P——承包工程合同总额；

M——工程预付款数额；

N——主要材料、构件所占比重。

2. 工程进度款

（1）工程进度款的计算。工程进度款的计算，主要涉及两个方面：一是工程量的计算参见《建设工程工程量清单计价规范》（GB 50500—2013），二是单价的计算方法。单价的计算方法，主要根据由发包人和承包人事先约定的工程价格的计价方法确定。

1）采用可调工料单价法计算工程进度款时，在确定已完成工程量后，可按以下步骤计算工程进度款：根据已完成工程量的项目名称、分项编号、单价得出合价；将本月所完全部项目合价相加，得出直接工程费小计；按规定计算措施费、间接费、利润；按规定计算主材差价或差价系数；按规定计算税金；累计本月应收工程进度款。

2）采用全费用综合单价法计算工程进度款。采用全费用进度单价法计算工程进度款比用可调工料单价法更方便、简洁，工程量得到确认后，只要将工程量与综合单价相乘得出合价，再累加即可完成本月工程进度款的计算工作。

（2）工程进度款的支付。《建设工程施工合同（示范文本）》关于工程款的支付也作出了相应的约定："在确认计量结果后 14 天内，发包人应向承包人支付工程款（进度款）。""发包人超过约定的支付时间不支付工程款（进度款）。承包人可向发包人发出要求付款的通知，发包人接到承包人通知后仍不能按要求付款，可与承包人协商签订延期付款协议，经承包人同意后可延期支付。"协议应明确延期支付的时间和从计量结果确认后第 15 天起计算应付款的贷款利息。"发包人未按合同约定支付工程款（进度款），双方又未达成延期付款协议，导致施工无法进行，承包人可停止施工，由发包人承担违约责任。"

3. 竣工结算款

《建设工程施工合同（示范文本）》约定："工程竣工验收报告经发包人认可后 28 天内，承包人向发包人递交结算报告及完整的结算材料，双方按照协议书约定的合同价款及专用条款约定的合同价款调整内容，进行工程竣工结算。"专业监理工程师审核承包人报送的竣工结算报表；总监理工程师审定竣工结算报表；与发包人、承包人协商一致后，签发竣工结算文件和最终的工程款支付证书。

发包人收到承包人的竣工结算报表资料后 28 天内进行核实，给予确认或提出修改意见，发包人确认竣工结算报表后通知经办银行向承包人支付竣工结算价款，承包人收到竣工结算价款后 14 天内将竣工工程交付发包人。

发包人收到竣工结算报告及结算资料后 28 天内无正当理由不支付竣工结算价款，从第 29 天起按承包人同期银行贷款利率支付拖欠工程价款利息，并承担违约责任。

发包人收到竣工结算报告及结算资料后 28 天内无正当理由不支付竣工结算价款，承包人可以催告发包人支付结算价款；发包人在收到竣工结算报告及结算资料后 56 天内仍不支付的，承包人可以与发包人协议将工程折价，也可以由承包人申请人民法院将该工程依法拍卖，承包人就该工程折价或者拍卖的价款优先受偿。

4. 返还保修金

返还保险金是指在施工过程中，根据保险合同约定，对未达到理赔条件的保险费用进行退还的一种管理方式。它有助于降低项目成本，提高资金使用效率。

二、施工项目动态结算

建筑安装工程费用的动态结算就是要把各种动态因素渗透结算过程，使结算大体能反映实际的消耗费用。下面介绍几种常用的动态结算办法。

（一）按实际价格结算

在我国，由于建筑材料需要市场采购的范围越来越大，有些地区规定对钢材、木材、水泥等三大材的价格采取按实际价格结算的办法。工程承包人可凭发票按实报销。这种方法方便使用。但由于是实报实销，因而承包人对降低成本不感兴趣，为了避免副作用，造价管理部门要定期公布最高结算限价，同时合同文件中应规定建设单位或监理工程师有权要求承包人选择更廉价的供应来源。

（二）按主材计算价差

发包人在招标文件中列出需要调整价差的主要材料表及其基期价格（一般采用当时当地施工成本管理机构公布的信息价或结算价），工程竣工结算时按竣工当时当地施工成本管理机构公布的材料信息价或结算价，与招标文件中列出的基期价比较计算材料差价。

（三）竣工调价系数法

按施工成本管理机构公布的竣工调价系数及调价计算方法计算价差。

第五节　施工成本核算

一、施工成本核算的任务

施工成本核算是施工企业会计核算的重要组成部分，它是指对工程施工生产中所发生的各项费用，按照规定的成本核算对象进行归集和分配，以确定建筑安装工程单位成本和总成本的一种专门方法。施工成本核算的任务包括以下几方面：

第一，执行国家有关成本开支范围，费用开支标准，工程预算定额和企业施工预算，成本计划的有关规定，控制费用，促使项目合理，节约地使用人力、物力和财力。这是施工成本核算的先决前提和首要任务。

第二，正确及时地核算施工过程中发生的各项费用，计算施工项目的实际成本。这是施工成本核算的主体和中心任务。

第三，反映和监督施工项目成本计划的完成情况，为项目成本预测，为参与项目施工生产、技术和经营决策提供可靠的成本报告和有关资料，促进项目改善经营管理，降低成本，提高经济效益。这是施工成本核算的根本目的。

二、施工成本核算的原则

（一）权责发生制原则

权责发生制原则是指在收入和费用实际发生时进行确认，不必等到实际收到现金或者支付现金时才确认。凡在当期取得的收入或者当期应当负担的费用，不论款项是否已经收付，都应作为当期的收入或费用；凡是不属于当期的收入或费用，即使款项已经在当期收到或已经在当期支付，都不能作为当期的收入或费用。权责发生制主要从入账时间上确定成本确认的基础，其核心是依据权责关系的发生和影响期间来确认施工项目的成本。

（二）可靠性原则

可靠性原则是对成本核算工作的基本要求，它要求成本核算以实际发生的支出及证明支出发生的合法凭证为依据，按一定的标准和范围加以认定和记录，做到内容真实、数字准确、资料可靠。

如果成本信息不能真实反映施工项目成本的实际情况，成本核算工作就失去了意义。根据可靠性原则，成本核算应当真实反映施工项目的工程成本，保证成本信息的真实性，成本信息应能够经受验证，以核实其是否真实、可靠。

（三）相关性原则

企业提供的会计信息应当与投资者等财务报告使用者的经济决策需要相关，有助于投资者等财务报告使用者对企业过去、现在或者未来的情况作出评价或者预测，相关性原则要求成本核算的工作在收集、加工、处理和提供成本信息的过程中，应考虑各方面的信息需要，要能够满足各方面具有共性的信息需求。

（四）可理解性原则

可理解性原则要求有关施工成本核算的会计记录和会计信息必须清晰、简明，便于理解和使用。成本信息应当简明、易懂，能够简单明了地反映施工项目的成本情况，从而有助于成本信息的使用者正确理解、准确掌握工程成本。这就要求在成本核算过程中，要做到会计记录准确、清晰，填制会计凭证、登记会计账簿依据合法，账户对应关系清楚，文字摘要完整。

（五）可比性原则

可比性原则要求企业提供的会计信息应当互相可比。同一企业不同时期发生的相似的交易或者事项，应当采用一致的会计政策，不得随意变更。根据可比性原则，国家统一的会计制度应当尽量减少企业选择有关成本核算的会计政策的余地，同时，要求企业严格按照国家统一的会计制度的规定，选择有关成本核算的会计政策。

（六）实质重于形式原则

实质重于形式原则要求企业应当按照交易或者事项的经济实质进行会计确认、计量和报告，不仅仅以交易或者事项的法律形式为依据。

（七）重要性原则

重要性原则要求对于成本有重大影响的经济业务，应作为成本核算的重点，力求精确，而对于那些不太重要、琐碎的经济业务，可以相对从简处理。坚持重要性原则能够使施工项目的成本核算在全面的基础上保证重点，有助于加强对经济活动和经营决策有重大影响和有重要意义的关键性问题的核算，达到事半功倍，简化核算，节约人力、财力、物力和提高工作效率的目的。

（八）谨慎性原则

谨慎性原则是指企业在面临不确定性因素的情况下需要作出判断时，保持必要的谨慎，充分估计到各种风险和损失，既不高估资产或收益，也不低估负债或者费用，对于可能的损失和费用，应当加以合理估计。

（九）及时性原则

及时性原则要求企业对成本信息应当及时处理、及时提供，成本信息具有时效性，只有能够满足决策的及时需要，成本信息才有价值。

三、施工成本核算的内容

施工成本包括从建造合同签订开始至合同完成止所发生的、与执行合同有关的直接费用和间接费用。直接费用是指为完成合同所发生的、可以直接计入合同成本核算对象的各项费用支出。直接费用包括：①耗用的人工费用；

②耗用的材料费用：③耗用的机械使用费；④其他直接费用，指其他可以直接计入合同成本的费用。间接费用是企业下属的施工单位或生产单位为组织和管理施工生产活动所发生的费用。合同成本不包括应当计入当期损益的管理费用、销售费用和财务费用。因订立合同而发生的有关费用，应当直接计入当期损益。

（一）耗用的人工费用

人工费用包括企业从事建筑安装工程施工人员的工资、奖金、职工福利费、工资性质的津贴、劳动保护费等。

（二）耗用的材料费用

材料费用包括施工过程中耗用的构成工程实体的主要材料及原材料、辅助材料、构配件、零件、半成品的费用和周转材料的摊销及租赁费用。周转材料是指企业在施工过程中能多次使用，并可基本保持原来的实物形态而逐渐转移其价值的材料，如施工中使用的模板、挡板和脚手架等。

（三）耗用的机械使用费

机械使用费包括施工过程中使用自有施工机械所产生的机械使用费和租用外单位施工机械的租赁费，以及施工机械安装、拆卸和进出场费用等。

（四）其他直接费用

其他直接费用包括施工过程中产生的材料二次搬运费、临时设施摊销费、生产工具用具使用费、检验试验费、工程定位复测费、工程点交费、场地清理费等。

（五）间接费用

间接费用是指为完成工程所发生的、不易直接归属于工程成本核算对象而应分配计入有关工程成本核算对象的各项费用支出，主要是企业下属施工单位或生产单位为组织和管理工程施工所发生的全部支出。包括临时设施摊销费用和施工单位管理人员工资、奖金、职工福利费，固定资产折旧费及修理费，物料消耗，低值易耗品摊销，取暖费，水电费，办公费，差旅费，财产保险费，检验试验费，工程保修费，劳动保护费，排污费及其他费用。间接费用不包括企业行政管理部门为组织和管理生产经营活动而发生的费用。

施工企业在核算产品成本时，就是按照成本项目来归集企业在施工生产经营过程中所发生的应计入成本核算对象的各项费用。其中，属于人工费、材料费、机械使用费和其他直接费等直接成本费用，直接计入有关工程成本。间接费用可先在“工程施工—间接费用”明细科目进行归集，期末再按一定的方法分别计入有关工程成本核算对象的成本。

四、施工成本核算的对象

施工成本核算对象是指在成本核算时所选择的施工费用的归集目标，即建筑产品生产成本的承担者。合理确定成本核算对象，是正确组织施工企业建筑产品成本核算的重要条件之一。

在实际工作中，如果对施工成本核算对象划分过粗，把相互之间没有联系或联系不大的单项工程或单位工程合并起来，作为一个施工成本核算对象，就不能反映独立施工的各个单项工程或单位工程的实际成本水平，不利于分析和考核工程成本的升降情况；反之，如果对施工成本核算对象划分过细，就会出现许多间接费用需要分摊，其结果是不仅增加工程成本核算的工作量，也不能保证正确、及时地计算出各项工程的实际成本。

施工项目成本一般应以每一独立编制施工图预算的单位工程为成本核算对象，但也可以按照承包工程项目的规模、工期、结构类型、施工组织和施工现场等情况，结合成本管理要求，灵活划分成本核算对象。施工成本核算对象的确定方法主要有以下几种。

（一）以单项施工承包合同作为施工工程成本核算对象

通常情况下，施工企业应以所签订的单项施工承包合同作为施工工程成本核算对象，即以每一独立编制的施工图预算所列单项工程作为施工工程成本核算对象。这样，不仅有利于分析工程预算和施工合同的完成情况，也有利于准确地核算施工合同的成本与损益。建筑安装工程一般应以单项施工承包合同作为施工成本核算对象。

（二）对合同分立以确定施工工程成本核算对象

如果一项施工承包合同包括建造多项资产，而每项资产均有独立的建造计划，施工企业可以与甲方就每项资产单独进行谈判，双方能够接受或拒绝与每项资产有关的合同条款，并且建造每项资产的收入和成本均可以单独辨认。在这种情况下，应对该项施工承包合同作分立处理，即以每项资产作为施工工程成本核算对象。

（三）对合同合并以确定施工工程成本核算对象

如果一项或数项资产签订一组合同，该组合同无论对应单个客户还是多个客户均按一揽子交易签订，每项合同实际上已构成一项综合利润率工程的组成部分，并且该组合同同时或依次履行。在这种情况下，应对该组施工承包合同作合并处理，即以该组施工承包合同合并作为施工工程成本核算对象。

施工企业的成本核算对象应在工程开工以前确定，且一经确定后不得随意变更，更不能相互混淆。施工企业所有反映工程成本费用的原始记录和核算资料都必须按照确定的成本核算对象填写清楚，以便准确归集和分配施工生产费用。为了集中地反映和计算各个成本核算对象本期应负担的施工生产成本，财务会计部门应该按每一成本核算对象设置工程成本明细账，并按成本项目分设专栏来组织成本核算，以便正确计算各个成本核算对象的实际成本。

五、施工成本核算的基本要求

（一）划清成本、费用支出和非成本、费用支出的界限

即划清资本性支出和收益性支出与其他支出、营业支出与营业外支出的

界限，也就是成本开支范围的界限。企业为取得本期收益而在本期内发生的各项支出，根据配比原则，应全部作为本期的成本或费用。至于企业的营业外支出，是与企业施工生产经营完全无关的支出，所以不能构成工程成本。划清不同性质的支出是正确计算施工项目成本的前提条件。

（二）正确划分各种费用支出的界限

为了使施工企业有效地进行成本核算控制成本开支，避免重计、漏计、错计或挤占成本的情况发生，施工企业应在成本核算过程中划清有关费用开支的界限。

（1）划清生产成本与期间费用之间的界限。

（2）划清各成本项目之间的界限。

（3）划清各期施工生产成本之间的界限。

（4）划清成本核算对象之间的界限。

（5）划清已完合同成本与未完合同成本之间的界限。

（6）划清实际成本与计划成本、预算成本之间的界限。

（三）建立适当的施工管理组织体制

施工企业应当根据工程成本管理的内容和内部经济责任制的要求建立相应的施工工程成本核算组织体系。我国施工企业一般实行公司、工程处（分公司、工区）、施工队（项目经理部）三级管理制，或公司、施工队两级管理制。

实行三级核算的施工企业一般可把施工工程成本计算工作划归工程处，实行公司汇总生产成本，工程处计算工程成本，施工队计算本队发生的工料等直接费。对于那些远离工程处或编制较大的施工队，以及实行项目经理负责的项目经理部，也可扩大核算范围，计算工程成本。

实行两级核算的施工企业，一般可在施工队计算工程成本，公司汇总生产成本。如果公司所属各个施工队专业化程度较高，并在同一地区施工，一个工程中的各项工作大都是由几个施工队完成的，为了简化中间划账的结算手续，也可仅计算本队各项工程所发生的工料等直接费用，在公司综合计算工程成本。

（四）加强成本核算的各项基础工作

成本核算的各项基础工作是保证成本核算工作正常进行，以及保证成本核算工作质量的前提条件。施工企业成本核算的基础工作主要包括以下内容。

1. 建立健全原始记录制度

原始记录是反映施工企业施工生产经营活动实际情况的最初书面证明，施工企业应按照规定的格式，对施工生产经营活动中材料的领用和耗费、工时的耗费、生产设备的运转、燃料和动力的消耗、低值易耗品和周转材料的摊销、费用的开支、已完工建筑产品竣工验收等情况，进行及时准确的记录，使每项原始记录都有人负责，以保证施工生产成本核算的真实可靠。

2. 建立健全各项财产物资的收发、领退、清查和盘点制度

做好各项财产物资的收发、领退、清查和盘点工作，是正确计算成本的前提条件。施工企业的所有财产物资的收发都要经过计量、验收并办理必要的凭证手续。

3. 制定或修订企业定额

企业定额是施工企业对施工生产成本进行量化管理的有效工具。企业定额主要包括劳动定额、材料消耗量定额、机械台班消耗定额、工具消耗定额和费用定额等。其中：劳动定额是据以签发“工程任务单”的主要依据，用于考核各施工班组的工效；材料消耗定额是据以签发“定额领料单”的主要依据，用于考核材料的消耗情况；机械台班消耗定额和工具消耗定额，主要用于考核机械设备的使用效率和生产工具的消耗情况；费用定额主要用于控制各项费用开支。

4. 加强费用开支的审核和控制

施工企业成本核算的目的是节约消耗，降低费用，提高经济效益。因此，必须严格费用开支的审核和控制。施工企业要由专人负责，做到事前审核、控制，防患于未然；事中审核、控制，纠正偏差，以确保成本目标的实现。

5. 建立工程项目台账

为了反映各工程项目的综合信息，施工企业还应按单项建造（施工）合同建立工程项目台账。

六、施工成本核算的程序

施工成本核算的程序是指企业在具体组织施工工程成本核算时应遵循的步骤与顺序。

按照核算内容的详细程度，工程成本核算程序主要分为两个步骤。

1. 工程成本的总分类核算

施工企业对施工过程中发生的各项工程成本，应先按其用途和发生的地点进行归集。其中直接费用可以直接计入受益的各个工程成本核算对象的成本中；间接费用则需要先按照发生地点进行归集，然后再按照一定的方法分配计入受益的各个工程成本核算对象的成本中。并在此基础上，计算当期已完工程或已竣工工程的实际成本。

2. 工程成本的明细分类核算

为了详细地反映工程成本在各个核算对象之间进行分配和汇总的情况，以便计算各项工程的实际成本，施工企业除了进行工程成本的总分类核算，还应设置各种施工生产费用明细账，组织工程成本的明细分类核算。

施工企业一般应按工程成本核算对象设置“工程成本明细账（卡）”，用来归集各项工程所发生的施工费用。此外，施工企业还应按车间、单位或部门以及成本核算对象分别设置“辅助生产明细账”，按照施工机械或运输设备的种类等设置“机械作业明细账”，按照费用的种类或项目设置“待摊费用明细账”“预提费用明细账”和“间接费用明细账”等，以便归集和分配各项施工生产费用。

施工企业施工工程成本的核算主要包括以下几个步骤：

（1）分配各项施工生产费用。

（2）分配待摊费用和预提费用。

（3）分配辅助生产费用。

（4）分配机械作业。

（5）分配工程施工间接费用。

（6）结算工程价款。

（7）确认合同毛利。

（8）结转完工施工产品成本。

七、施工成本核算的方法

施工成本核算的方法一般应根据工程价款的结算方式来确定。按有关规定，建设工程价款结算，可以采取按月结算、分段结算、竣工后一次结算，或按双方约定的其他方式结算。

（一）施工成本竣工结算法

施工成本竣工结算法，是以合同工程（一般为单位工程）为对象归集施工过程中发生的施工费用，在工程竣工后按照归集的全部施工费用，结算该项工程的实际成本总额。

实行竣工后一次结算工程价款办法的工程，施工企业所属各施工单位平时应按月将该工程实际发生的各项施工费用，及时登记到“工程成本卡”的有关栏内。在工程竣工以前，“工程成本卡”中所归集的自开工起至本月末止的施工费用累计额，即为该项工程的未完工程（或在建工程）实际成本。工程竣工后，各施工单位应及时清理施工现场，盘点剩余材料和残次材料，及时办理退库手续，冲减工程成本。同时，应核实“工程成本卡”中所归集的施工费用是否全面、准确，凡是应计未计的费用应予以补计，凡是不应计入的已计费用则应予以冲减，以保证“工程成本卡”完整、准确地归集全部施工费用，正确计算竣工工程的实际成本。经核实无误后，“工程成本卡”中所归集的自开工起至竣工止的施工费用累计总额，就是竣工工程的实际成本，其计算公式如下：

$$\text{工程实际成本}=\text{月初施工费用余额}+\text{本月施工费用发生额}$$

（二）施工成本月份结算法

施工成本月份结算法，是在按单位工程归集施工费用的基础上，逐月定期地结算单位工程的已完工程实际成本。也就是既要以单位工程为成本计算对象，于工程竣工后办理单位工程成本结算，又要按月计算单位过程中已完分部分项工程成本，办理工程成本中间结算。

凡是已经完成了预算定额所规定的全部工序和工程内容，在本企业不再需要继续施工的分部分项工程，即可视为建筑“产成品”，称为“已完工程”。对虽已投入人工、材料等进行施工，但月末尚未完成预算定额所规定的全部工序和工程内容的分部分项工程，则视为建筑“在产品”，称为“未完工程”。

按月结算工程成本，必须将已归集的施工费用在已完工程与未完工程之间进行分配，计算已完工程实际成本。已完工程实际成本可根据期末未结算工程成本累计减未完工程成本进行计算。未完工程成本是指期末尚未办理工程价款结算的工程成本，在一般的施工企业中，月末未完工程在全月工作量中所占比重都较小，因此，在实际工作中为了简化核算，通常将月末未完工程预算成本视为其实际成本，未完工程预算成本一般采用“估量法”计算确定。

估量法也叫约当产量法。它是根据施工现场盘点确定的未完成预算定额规定的工序的施工实物量，经过估计，将其折合成相当于已完工程数量，并乘以该分部分项工程的预算单价，算出其预算成本。计算公式如下：

期末未完工程预算成本＝期末未完工程成本折合成已完分部分项工程实物量

× 该分部分项工程的预算单价

未完工程成本的计算，通常由统计人员在“未完工程盘点单”中进行。

实行按月结算工程价款办法的工程，施工企业所属各施工单位必须首先做好月末未完工程的盘点和成本计算工作，然后才能计算确定本月已完工程的实际成本。对于已完工程，施工单位应按月计算其实际成本，并按预算价格向建设单位收取工程价款。本月已完工程实际成本的计算公式如下：

本月已完工程实际成本＝月初未完工程成本＋本月施工费用发生额－月末未完工程成本

式中，月初未完工程成本、本月施工费用发生额都可以从“工程成本明细账”记录中获取，唯有月末未完工程成本需要计算。

（三）施工成本分段结算法

实行分段结算办法的合同工程，已完工程实际成本的计算原理，与上述月结成本法相似。所不同的是，其已完工程是指已完成的工程阶段或部位，未完工程是指未完成的工程阶段或部位。

第四章　工程项目施工合同管理

第一节　施工承发包模式概述

建设工程施工任务委托的模式（又称作施工承发包模式）反映了建设工程项目发包方和施工任务承包方、承包方与分包方等相互之间的合同关系。

常见的施工任务委托模式主要有以下几种：

其一，发包方委托一个施工单位或由多个施工单位组成的施工联合体或施工合作体作为施工总承包单位，施工总承包单位视需要再委托其他施工单位作为分包单位配合施工。

其二，发包方委托一个施工单位或由多个施工单位组成的施工联合体或施工合作体作为施工总承包管理单位，发包方另委托其他施工单位作为分包单位进行施工。

其三，发包方不委托施工总承包单位，而平行委托多个施工单位进行施工。

一、施工平行承发包模式

（一）施工平行承发包的含义

施工平行承发包，又称为分别承发包，是指发包方根据建设工程项目的特点、项目进展情况和控制目标的要求等因素，将建设工程项目按照一定的原则分解，将其施工任务分别发包给不同的施工单位，各个施工单位分别与发包方签订施工承包合同。

施工平行承发包的一般工作程序为：施工图设计完成—施工招投标—施

工—竣工验收。一般情况下，发包人在选择施工承包单位时通常根据施工图设计进行施工招标，即施工图设计已经完成，每个施工承包合同都可以实行总价合同。

（二）施工平行承发包的特点

实行施工平行承发包对建设工程项目的费用、进度、质量等目标控制以及合同管理和组织与协调等的影响如下。

1. 费用控制

（1）每一部分工程施工任务的发包都以施工图设计为基础，投标人进行投标报价较有依据，工程的不确定性程度降低了，合同双方的风险也相应降低。

（2）每一部分工程的施工，发包人都可以通过招标选择最好的施工单位承包，对降低工程造价有利。

（3）对业主来说，要等最后一份合同签订后才知道整个工程的总造价，对投资的早期控制不利。

2. 进度控制

（1）某一部分施工图完成后，即可开始这部分工程的招标，开工日期提前，可以边设计边施工，缩短建设周期。

（2）由于要进行多次招标，业主用于招标的时间较多。

（3）工程总进度计划和控制由业主负责；由不同单位承包的各部分工程之间的进度计划及其实施的协调由业主负责，业主直接负责各个施工单位似乎控制力度大，但矛盾集中，业主的管理风险大。

3. 质量控制

（1）对某些工作而言，符合质量控制上的“他人控制”原则，不同分包单位之间能够形成一定的控制和制约机制，对业主的质量控制有利。

（2）合同交叉界面比较多，应非常重视各合同之间界面的定义，否则对项目的质量控制不利。

4. 合同管理

（1）业主要负责所有施工承包合同的招标、合同谈判、签约，招标工作量大，对业主不利。

（2）业主在每个合同中都会有相应的责任和义务，签订的合同越多，业主的责任和义务就越多。

（3）业主要负责对多个施工承包合同的跟踪管理，合同管理工作量较大。

5. 组织与协调

（1）业主直接控制所有工程的发包，可决定所有工程的承包商的选择。

（2）业主要负责对所有承包商的组织与协调，承担类似总承包管理的角色，工作量大，对业主不利，因为业主的对立面多，各个合同之间的界面多，关系复杂，矛盾集中，业主的管理风险大。

（3）业主方可能需要配备较多的人力和精力进行管理，管理成本高。

（三）施工平行承发包的应用

为什么要选择施工平行承发包模式？或者在什么情况下可以考虑施工平行承发包模式呢？

（1）当项目规模很大，不可能选择一个施工单位进行施工总承包或施工总承包管理，也没有一个施工单位能够进行施工总承包或施工总承包管理。

（2）由于项目建设的时间要求紧迫，业主急于开工，来不及等所有的施工图全部出齐，只有边设计边施工。

（3）业主有足够的经验和能力应对多家施工单位。

（4）将工程分解发包，业主可以尽可能多地照顾各种关系。

对施工任务的平行发包，发包方可以根据建设项目的结构进行分解发包，也可以根据建设项目施工的不同专业系统进行分解发包。

二、施工总承包模式

（一）施工总承包的含义

施工总承包，是指发包人将全部施工任务发包给一个施工单位或由多个施工单位组成的施工联合体或施工合作体，施工总承包单位主要依靠自己的力量完成施工任务。当然，经发包人同意，施工总承包单位还可以根据需要将施工任务的一部分分包给其他符合资质的分包人。

与施工平行承发包相似，施工总承包的一般工作程序为施工图设计完成—施工总承包的招投标—施工—竣工验收。一般情况下，招标人在通过招标选择承包人时通常以施工图设计为依据，即施工图设计已经完成，施工总承包合同一般实行总价合同。

（二）施工总承包的特点

1. 费用控制

（1）在通过招标选择施工总承包单位时，一般都以施工图设计为投标报价的基础，投标人的投标报价较有依据。

（2）在开工前就有较明确的合同价，有利于业主对总造价的早期控制。

（3）若在施工过程中发生设计变更，则可能发生索赔。

2. 进度控制

一般要等施工图设计全部结束后，才能进行施工总承包单位的招标，开工日期较迟，建设周期势必较长，对进度控制不利。这是施工总承包模式的最大缺点，限制了其在建设周期紧迫的工程项目中的应用。

3. 质量控制

项目质量的好坏很大程度上取决于施工总承包单位的选择，取决于施工总承包单位的管理水平和技术水平。业主对施工总承包单位的依赖较大。

4. 合同管理

业主只需要进行一次招标，与一个施工总承包单位签约，招标及合同管理工作量就会大大减少，对业主有利。

在国内的很多工程实践中，业主为了早日开工，在未完成施工图设计的情况下就进行招标选择施工总承包单位，采用所谓的“费率招标”，实际上是开口合同，对业主方的合同管理和投资控制十分不利。

5. 组织与协调

业主只负责对施工总承包单位的管理及组织协调，工作量大大减少，对业主比较有利。

总之，与平行承发包模式相比，采用施工总承包模式，业主的合同管理工作量大大减少了，组织与协调工作量也大大减少，协调比较容易，但建设周期可能比较长，对进度控制不利。

三、施工总承包管理模式

（一）施工总承包管理的含义

施工总承包管理模式的英文是“Managing Contractor”，简称MC，意为“管理型承包”。它不同于施工总承包模式。采用该模式时，业主与某个具有丰富施工管理经验的单位或者由多个单位组成的联合体或合作体签订施工总承包管理协议，由其负责整个项目的施工组织与管理。

一般情况下，施工总承包管理单位不参与具体工程的施工，而具体工程的施工需要再进行分包单位的招标与发包，把具体工程的施工任务分包给分包商来完成。但有时也存在另一种情况，即施工总承包管理单位也想承担部分具体工程的施工，这时它也可以参加这一部分工程的投标，通过竞争取得任务。

（二）施工总承包管理模式与施工总承包模式的比较

施工总承包管理模式与施工总承包模式不同，其差异主要表现在以下几个方面。

1. 工作开展程序不同

施工总承包管理模式与施工总承包模式的工作开展程序不同。施工总承包模式的一般工作程序是：先进行项目的设计，待施工图设计结束后再进行施工总承包的招投标，然后再进行工程施工。

而如果采用施工总承包管理模式，对施工总承包管理单位的招标可以不依赖完整的施工图，换言之，施工总承包管理模式的招投标可以提前到项目尚处于设计阶段进行。另外，工程实体可以化整为零，分别进行分包单位的招标，即每完成一部分工程的施工图就招标一部分，从而使该部分工程的施工提前到整个项目设计阶段尚未完全结束之前进行。

2. 合同关系不同

施工总承包管理模式的合同关系有两种可能，即业主与分包单位直接签订合同或者由施工总承包管理单位与分包单位签订合同。

3. 对分包单位的选择和认可

在施工总承包模式中，如果业主同意将某几个部分的工程进行分包，施工分包单位往往由施工总承包单位选择，由业主认可。而在施工总承包管理模式中，所有分包单位的选择都是由业主决定的。

业主通常通过招标选择分包单位。一般情况下，分包合同由业主与分包单位直接签订，但每一个分包人的选择和每一个分包合同的签订都要经过施工总承包管理单位的认可，因为施工总承包管理单位要承担施工总体管理和目标控制的任务和责任。如果施工总承包管理单位认为业主选定的某个分包人确实没有能力完成分包任务，而业主执意不肯更换该分包人，施工总承包管理单位可以拒绝认可该分包合同，并且不承担该分包人所负责工程的管理责任。

有时，在业主要求下并且在施工总承包管理单位同意的情况下，分包合同也可以由施工总承包管理单位与分包单位签订。

4. 对分包单位的付款

对各个分包单位的各种款项可以通过施工总承包管理单位支付，也可以由业主直接支付。

5. 施工总承包管理的合同价格

施工总承包管理合同中一般只确定总承包管理费（通常是按工程建设安装造价的一定百分比计取，也可以确定一个总价），而不需要事先确定建设安装工程总造价，这也是施工总承包管理模式的招标可以不依赖于设计图纸出齐的原因之一。

分包合同价，由于是在该部分施工图出齐后再进行分包的招标，因此应该采用实价（单价或总价合同）。由此可以看出，施工总承包管理模式与施工总承包模式相比具有以下优点：

（1）合同总价不是一次确定，某一部分施工图设计完成以后，再进行该部分工程的施工招标确定该部分工程的合同价，因此整个项目的合同总额的确定较有依据。

（2）所有分包合同和分供货合同的发包，都通过招标获得有竞争力的投标报价，对业主方节约投资有利。

（3）施工总承包管理单位只收取总包管理费，不赚总包与分包之间的差价。

（4）每完成一部分施工图设计，就可以进行该部分工程的施工招标，可以边设计边施工，提前开工，缩短建设周期，有利于进度控制。

以上比较分析说明，施工总承包管理模式与施工总承包模式有很多不同，但二者也存在一些相同的方面，比如承担的责任和义务，以及对分包单位的管理和服务。二者都要承担相同的管理责任，对施工管理目标负责，负责对现场施工的总体管理和协调，负责向分包人提供相应的服务。在国内，普遍对施工总承包管理模式存在误解，认为施工总承包管理单位仅仅做管理与协调工作，而对项目目标控制不承担责任。实际上，每一个分包合同都要经过施工总承包管理单位的确认，施工总承包管理单位有责任对分包人的质量、进度进行控制，并负责审核和控制分包合同的费用支付，负责协调各个分包的关系，负责各个分包合同的管理。因此，在组织结构和人员配备上，施工总承包管理单位仍然要有费用控制、进度控制、质量控制、合同管理、信息管理、组织与协调的组织和人员。

（三）施工总承包管理模式的特点

1. 费用控制

（1）某一部分工程的施工图完成后，由业主单独或与施工总承包管理单位共同进行该部分工程的施工招标，分包合同的投标报价较有依据。

（2）每一部分工程的施工，发包人都可以通过招标选择最好的施工单位承包，获得最低的报价，对降低工程造价有利。

（3）在进行施工总承包管理单位的招标时，只确定总承包管理费，没有合同总造价，是业主承担的风险之一。

（4）多数情况下，由业主方与分包人直接签约，加大了业主方的风险。

2. 进度控制

对施工总承包管理单位的招标不依赖于施工图设计，可以提前到初步设计阶段进行。而对分包单位的招标依据该部分工程的施工图，与施工总承包模式相比也可以提前，从而可以提前开工，缩短建设周期。

施工总进度计划的编制、控制和协调由施工总承包管理单位负责，而项目总进度计划的编制、控制和协调，以及设计、施工、供货之间的进度计划协调由业主负责。

3. 质量控制

（1）对分包单位的质量控制主要由施工总承包管理单位进行。

（2）对分包单位来说，也有来自其他分包单位的横向控制，符合质量控制上的“他人控制”原则，对质量控制有利。

（3）各分包合同交界面的定义由施工总承包管理单位负责，减少了业主方的工作量。

4. 合同管理

一般情况下，所有分包合同的招投标、合同谈判、签约工作由业主负责，业主方的招标及合同管理工作量大，对业主不利。

对分包单位工程款的支付又可分为总承包管理单位支付和业主直接支付两种形式，前者对于加大总承包管理单位对分包单位管理的力度更有利。

5. 信息管理

搭建合同信息管理数据库：将合同文本、附件、变更记录等所有与合同相关的信息数字化，并存储在数据库中，以便随时查询和调用。

引入合同管理系统：采用专业的合同管理软件，实现合同的录入、审批、执行、变更、终止等全过程的电子化管理。

6. 组织与协调

由施工总承包管理单位负责对所有分包单位的管理及组织协调，大大减少了业主的工作。这是施工总承包管理模式的基本出发点。

与分包单位的合同一般由业主签订，一定程度上削弱了施工总承包管理单位对分包单位管理的力度。

第二节 施工承包合同的主要内容

为了规范和指导合同当事人双方的行为，避免合同纠纷，解决合同文本不规范、条款不完备、执行过程纠纷多等一系列问题，国际工程界许多著名组织，如国际咨询工程师联合会（FIDIC）、美国建筑师学会（AIA）、美国总承包商会（AGC）、英国土木工程师学会（ICE）、世界银行等都编制了指导性的合同示范文本，规定了合同双方的一般权利和义务，对引导和规范建设行为起到了非常重要的作用。

中华人民共和国建设部和国家工商行政管理总局根据工程建设的有关法律、法规，总结我国 1991 年版《建设工程施工合同（示范文本）》（GF–91–0201）推行的有关经验，结合我国建设工程施工合同的实际情况，并借鉴国际上通用的土木工程施工合同的成熟经验和有效做法，于 1999 年 12 月 24 日颁发了修改的《建设工程施工合同（示范文本）》（GF–99–0201）。该文本适用于各类公用建筑、民用住宅、工业厂房、交通设施及线路、管道的施工和设备安装等工程。

为了规范施工招标资格预审文件、招标文件编制活动，提高资格预审文件、招标文件编制质量，促进招标投标活动的公开、公平和公正，国家发展和改革委员会、财政部、建设部、铁道部、交通部、信息产业部、水利部、民用航空总局、广播电影电视总局联合编制了《标准施工招标资格预审文件》和《标准施工招标文件》，自 2008 年 5 月 1 日起试行。

国务院有关行业主管部门可根据《标准施工招标文件》并结合本行业施工招标特点和管理需要，编制行业标准施工招标文件。行业标准施工招标文件重点对“专用合同条款”“清单”“图纸”“技术标准和要求”作出具体规定。

行业标准施工招标文件中的“专用合同条款”可对《标准施工招标文件》中的“通用合同条款”进行补充、细化，除“通用合同条款”明确“专用合同条款”可作出不同约定外，补充和细化的内容不得与“通用合同条款”强制性规定相抵触，否则抵触内容无效。《标准施工招标文件》中“通用合同条款”的主要内容如下。

一、词语定义与解释

在《建设工程施工合同（示范文本）》（GF-99-0201）的词语定义与解释中，对工程师作了专门定义，明确为工程监理单位委派的总监理工程师或发包人指定的履行合同的代表，其具体身份和职权由发包人和承包人在专用条款中约定。工程师可以根据需要委派代表行使合同中约定的部分权利和职责。

《标准施工招标文件》的“通用合同条款”中，取消了“工程师”的概念，明确了“监理人”是指在专用合同条款中指明的，受发包人委托对合同履行实施管理的法人或其他组织。总监理工程师（总监）指由监理人委派常驻施工场地对合同履行实施管理的全权负责人。

二、发包人的责任与义务

（一）发包人责任

（1）除专用合同条款另有约定外，发包人应根据合同工程的施工需要，负责办理取得出入施工场地的专用和临时道路的通行权，以及取得为工程建设所需修建场外设施的权利，并承担有关费用。承包人应协助发包人办理上述手续。

（2）发包人应在专用合同条款约定的期限内，通过监理人向承包人提供测量基准点、基准线和水准点及其书面资料。

发包人应对其提供的测量基准点、基准线和水准点及其书面资料的真实性、准确性和完整性负责。发包人提供上述基准资料错误导致承包人测量放线工作返工或造成工程损失的，发包人应当承担由此增加的费用和（或）工期延误，并向承包人支付合理利润。

（3）发包人的施工安全责任。发包人应按合同约定履行安全职责，授权监理人按合同约定的安全工作内容监督、检查承包人安全工作的实施，组织承包人和有关单位进行安全检查。

发包人应对其现场机构雇用的全部人员的工伤事故承担责任，但由于承包人原因造成发包人人员工伤的，应由承包人承担责任。发包人应负责赔偿以下各种情况造成的第三者人身伤亡和财产损失。

1）工程或工程的任何部分对土地的占用所造成的第三者财产损失。

2）由于发包人原因在施工场地及其毗邻地带造成的第三者人身伤亡和财产损失。

（4）治安保卫的责任。除合同另有约定外，发包人应与当地公安部门协商，在现场建立治安管理机构或联防组织，统一管理施工场地的治安保卫事项，履行合同工程的治安保卫职责。

发包人和承包人除应协助现场治安管理机构或联防组织维护施工场地的社会治安外，还应做好包括生活区在内的各自管辖区的治安保卫工作。

除合同另有约定外，发包人和承包人应在工程开工后，共同编制施工场地治安管理计划，并制定应对突发治安事件的紧急预案。在工程施工过程中，发生暴乱、爆炸等恐怖事件，以及群殴、械斗等群体性突发治安事件的，发包人和承包人应立即向当地政府报告。发包人和承包人应积极协助当地有关部门采取措施平息事态，防止事态扩大，尽量减少财产损失和避免人员伤亡。

（5）工程施工过程中发生事故的，承包人应立即通知监理人，监理人应立即通知发包人。发包人和承包人应立即组织人员和设备进行紧急抢救和抢修，减少人员伤亡和财产损失，防止事故扩大，并保护事故现场。需要移动现场物品时，应做出标记和书面记录，妥善保管有关证据。发包人和承包人应按国家有关规定，及时如实地向有关部门报告事故发生的情况，以及正在采取的紧急措施等。

（6）发包人应将其持有的现场地质勘探资料、水文气象资料提供给承包人，并对其准确性负责。承包人应对其阅读上述有关资料后所作出的解释和推断负责。

（二）发包人义务

1. 遵守法律

发包人在履行合同过程中应遵守法律，并保证承包人免于承担因发包人违反法律而引起的任何责任。

2. 发出开工通知

发包人应委托监理人按合同约定向承包人发出开工通知。

3. 提供施工场地

发包人应按专用合同条款约定向承包人提供施工场地，以及施工场地内地下管线和地下设施等有关资料，并保证资料的真实、准确、完整。

4. 协助承包人办理证件和批件

发包人应协助承包人办理法律规定的有关施工证件和批件。

5. 组织设计交底

发包人应根据合同进度计划，组织设计单位向承包人进行设计交底。

6. 支付合同价款

发包人应按合同约定向承包人及时支付合同价款。

7. 组织竣工验收

发包人应按合同约定及时组织竣工验收。

8. 其他义务

发包人应履行合同约定的其他义务。

（三）发包人违约的情形

在履行合同过程中发生的下列情形，属发包人违约：

（1）发包人未能按合同约定支付预付款或合同价款，或拖延、拒绝批准付款申请和支付凭证，导致付款延误的。

（2）发包人原因造成停工的。

（3）监理人无正当理由没有在约定期限内发出复工指示，导致承包人无法复工的。

（4）发包人无法继续履行或明确表示不履行或实质上已停止履行合同的。

（5）发包人不履行合同约定的其他义务的。

三、承包人的责任与义务

（一）承包人的一般义务

1. 遵守法律

承包人在履行合同过程中应遵守法律，并保证发包人免于承担因承包人违反法律而引起的任何责任。

2. 依法纳税

承包人应按有关法律规定纳税，应缴纳的税金包括在合同价格内。

3. 完成各项承包工作

承包人应按合同约定以及监理人的指示，实施、完成全部工程，并修补工程中的任何缺陷。除专用合同条款另有约定外，承包人应提供为完成合同工作所需的劳务、材料、施工设备、工程设备和其他物品，并按合同约定负责临时设施的设计、建造、运行、维护、管理和拆除。

4. 对施工作业和施工方法的完备性负责

承包人应按合同约定的工作内容和施工进度要求，编制施工组织设计和施工措施计划，并对所有施工作业和施工方法的完备性和安全可靠性负责。

5. 保证工程施工和人员的安全

承包人应按合同约定采取施工安全措施，确保工程及其人员、材料、设备和设施的安全，防止因工程施工造成的人身伤害和财产损失。

6. 负责施工场地及其周边环境与生态的保护工作

承包人应按照合同约定负责施工场地及其周边环境与生态的保护工作。

7. 避免施工对公众与他人的利益造成损害

承包人在进行合同约定的各项工作时，不得侵害发包人与他人使用公用道路、水源、市政管网等公共设施的权利，避免对邻近的公共设施产生干扰。承包人占用或使用他人的施工场地，影响他人作业或生活的，应承担相应责任。

8. 为他人提供方便

承包人应按监理人的指示为他人在施工场地或附近实施与工程有关的其他各项工作提供可能的条件。除合同另有约定外，提供有关条件的内容和可能发生的费用，由监理人按合同规定的办法与双方商定或确定。

9. 工程的维护和照管

工程接收证书颁发前，承包人应负责照管和维护工程。工程接收证书颁发时尚有部分未竣工工程的，承包人还应负责该未竣工工程的照管和维护工作，直至竣工后移交给发包人为止。

10. 其他义务

承包人应履行合同约定的其他义务。

（二）承包人的其他责任与义务

（1）承包人不得将工程主体、关键性工作分包给第三人。除专用合同条款另有约定外，未经发包人同意，承包人不得将工程的其他部分或工作分包给第三人。

承包人应与分包人就分包工程向发包人承担连带责任。

（2）承包人应在接到开工通知后 28 天内，向监理人提交承包人在施工场地的管理机构以及人员安排的报告，其内容应包括管理机构的设置、各主要岗位的技术和管理人员名单及其资格，以及各工种技术工人的安排状况。承包人应向监理人提交施工场地人员变动情况的报告。

（3）承包人应对施工场地和周围环境进行勘察，并收集有关地质、水文、气象条件、交通条件、风俗习惯以及其他分为完成合同工作有关的当地资料。在全部合同工作中，应视为承包人已充分估计了应承担的责任和风险。

四、进度控制的主要条款内容

（一）进度计划

1. 合同进度计划

承包人应按专用合同条款约定的内容和期限，编制详细的施工进度计划和施工方案说明报送监理人。监理人应在专用合同条款约定的期限内批复或提出修改意见，否则该进度计划视为已得到批准。经监理人批准的施工进度计划称合同进度计划，是控制合同工程进度的依据。承包人还应根据合同进度计划，编制更为详细的分阶段或分项进度计划，报监理人审批。

2. 合同进度计划的修订

不论何种原因造成工程的实际进度与合同进度计划不符时，承包人应在专用合同条款约定的期限内向监理人提交修订合同进度计划的申请报告，并附有关措施和相关资料，报监理人审批；监理人也可以直接向承包人作出修订合同进度计划的指示，承包人应按该指示修订合同进度计划，报监理人审批。监理人应在专用合同条款约定的期限内批复。监理人在批复前应获得发包人同意。

（二）开工日期与工期

监理人应在开工日期 7 天前向承包人发出开工通知。监理人在发出开工通知前应获得发包人同意。工期从监理人发出的开工通知中载明的开工日期起计算。

（三）工期调整

1. 发包人的工期延误

在履行合同过程中，由于发包人的下列原因造成工期延误的，承包人有权要求发包人延长工期和（或）增加费用，并支付合理利润。需要修订合同进度计划的，按照合同规定的办法办理。

（1）增加合同工作内容；

（2）改变合同中任何一项工作的质量要求或其他特性；

（3）发包人延迟提供材料、工程设备或变更交货地点的；

（4）因发包人原因导致的暂停施工；

（5）提供图纸延误；

（6）未按合同约定及时支付预付款、进度款；

（7）发包人造成工期延误的其他原因。

2. 异常恶劣的气候条件

由于出现专用合同条款规定的异常恶劣气候的条件导致工期延误的，承包人有权要求发包人延长工期。

3. 承包人的工期延误

由于承包人原因，未能按合同进度计划完成工作，或监理人认为承包人施工进度不能满足合同工期要求的，承包人应采取措施加快进度，并承担加快进度所增加的费用。由于承包人原因造成工期延误，承包人应支付逾期竣工违约金。承包人支付逾期竣工违约金，不免除承包人完成工程及修补缺陷的义务。

4. 工期提前

发包人要求承包人提前竣工，或承包人提出提前竣工的建议能够给发包人带来效益的，应由监理人与承包人共同协商采取加快工程进度的措施和修订合同进度计划。发包人应承担承包人由此增加的费用，并向承包人支付专用合同条款约定的相应奖金。

（四）暂停施工

1. 承包人暂停施工的责任

因下列暂停施工增加的费用和（或）工期延误由承包人承担：

（1）承包人违约引起的暂停施工；

（2）由于承包人原因为工程合理施工和安全保障所必需的暂停施工；

（3）承包人擅自暂停施工；

（4）承包人其他原因引起的暂停施工；

（5）专用合同条款约定由承包人承担的其他暂停施工。

2. 发包人暂停施工的责任

由于发包人原因引起的暂停施工造成工期延误的，承包人有权要求发包人延长工期和（或）增加费用，并支付合理利润。

3. 监理人暂停施工指示

（1）监理人认为有必要时，可向承包人作出暂停施工的指示，承包人应按监理人指示暂停施工。不论由于何种原因引起的暂停施工，暂停施工期间承包人应负责妥善保护工程并提供安全保障。

（2）由于发包人的原因发生暂停施工的紧急情况，且监理人未及时下达暂停施工指示的，承包人可先暂停施工，并及时向监理人提出暂停施工的书面请求。监理人应在接到书面请求后的24小时内予以答复，逾期未答复的，视为同意承包人的暂停施工请求。

4. 暂停施工后的复工

（1）暂停施工后，监理人应与发包人和承包人协商，采取有效措施积极消除暂停施工的影响。当工程具备复工条件时，监理人应立即向承包人发出复工通知。承包人收到复工通知后，应在监理人指定的期限内复工。

（2）承包人无故拖延和拒绝复工的，由此增加的费用和工期延误由承包人承担；因发包人原因无法按时复工的，承包人有权要求发包人延长工期和（或）增加费用，并支付合理利润。

5. 暂停施工持续56天以上

（1）监理人发出暂停施工指示后56天内未向承包人发出复工通知，除了该项停工属于《建设工程施工合同（示范文本）》第12.1款（由于承包人暂停施工的责任）的情况外，承包人可向监理人提交书面通知，要求监理人在收到书面通知后28天内准许已暂停施工的工程或其中一部分工程继续施工。如监理人逾期不予批准，则承包人可以通知监理人，将工程受影响的部分视为按第15.1（1）项（变更）的规定取消工作。如暂停施工影响到整个工程，可视为发包人违约，应按第22.2款的规定（发包人违约）办理。

（2）由于承包人责任引起的暂停施工，如承包人在收到监理人暂停施工指示后 56 天内不认真采取有效的复工措施，造成工期延误，可视为承包人违约，应按第 22.1 款的规定（承包人违约）办理。

五、质量控制的主要条款内容

（一）承包人的质量管理

承包人应在施工场地设置专门的质量检查机构，配备专职质量检查人员，建立完善的质量检查制度。承包人应在合同约定的期限内，提交工程质量保证措施文件，包括质量检查机构的组织和岗位责任、质检人员的组成、质量检查程序和实施细则等，报送监理人审批。

（二）承包人的质量检查

承包人应按合同约定对材料、工程设备以及工程的所有部位及其施工工艺进行全过程的质量检查和检验，并做详细记录，编制工程质量报表，报送监理人审查。

（三）监理人的质量检查

监理人有权对工程的所有部位及其施工工艺、材料和工程设备进行检查和检验。承包人应为监理人的检查和检验提供方便，包括监理人到施工场地，或制造、加工地点，或合同约定的其他地方进行查看和查阅施工原始记录。承包人还应按监理人指示，进行施工场地取样试验、工程复核测量和设备性能检测，提供试验样品、提交试验报告和测量成果以及监理人要求进行的其他工作。监理人的检查和检验，不免除承包人按合同约定应负的责任。

（四）工程隐蔽部位覆盖前的检查

1. 通知监理人检查

经承包人自检确认的工程隐蔽部位具备覆盖条件后，承包人应通知监理人在约定的期限内检查。承包人的通知应附有自检记录和必要的检查资料。

监理人应按时到场检查。经监理人检查确认质量符合隐蔽要求，并在检查记录上签字后，承包人才能进行覆盖。监理人检查确认质量不合格的，承包人应在监理人指示的时间内修整返工后，由监理人重新检查。

2. 监理人未到场检查

监理人未按约定的时间进行检查的，除监理人另有指示外，承包人可自行完成覆盖工作，并做相应记录报送监理人，监理人应签字确认。监理人事后对检查记录有疑问的，可按约定重新检查。

3. 监理人重新检查

承包人按第 13.5.1 项或第 13.5.2 项的规定覆盖工程隐蔽部位后，监理人对质量有疑问的，可要求承包人对已覆盖的部位进行钻孔探测或揭开重新检验，承包人应遵照执行，并在检验后重新覆盖恢复原状。经检验证明工程质量符合合同要求的，由发包人承担由此增加的费用和（或）工期延误，并支付承包人合理利润；经检验证明工程质量不符合合同要求的，由此增加的费用和（或）工期延误由承包人承担。

4. 承包人私自覆盖

承包人未通知监理人到场检查，私自将工程隐蔽部位覆盖的，监理人有权指示承包人钻孔探测或揭开检查，由此增加的费用和（或）工期延误由承包人承担。

（五）清除不合格工程

（1）承包人使用不合格材料、工程设备，或采用不适当的施工工艺，或施工不当造成工程不合格的，监理人可以随时发出指示，要求承包人立即采取措施进行补救，直至达到合同要求的质量标准，由此增加的费用和（或）工期延误由承包人承担。

（2）由于发包人提供的材料或工程设备不合格造成的工程不合格，需要承包人采取措施补救的，发包人应承担由此增加的费用和（或）工期延误，并支付承包人合理利润。

（六）试验和检验

1. 材料、工程设备和工程的试验和检验

（1）承包人应按合同约定进行材料、工程设备和工程的试验和检验，并为监理人对上述材料、工程设备和工程的质量检查提供必要的试验资料和原始记录。按合同约定应由监理人与承包人共同进行试验和检验的，由承包人负责提供必要的试验资料和原始记录。

（2）监理人未按合同约定参加试验和检验的，除监理人另有指示外，承包人可自行试验和检验，并应立即将试验和检验结果报送监理人，监理人应签字确认。

（3）监理人对承包人的试验和检验结果有疑问的，或为查清承包人试验和检验成果的可靠性要求承包人重新试验和检验的，可按合同约定由监理人与承包人共同进行。重新试验和检验的结果证明该项材料、工程设备或工程质量不符合合同要求的，由此增加的费用和（或）工期延误由承包人承担；重新试验和检验的结果证明该项材料、工程设备和工程质量符合合同要求的，由发包人承担由此增加的费用和（或）工期延误，并支付承包人合理利润。

2. 现场材料试验

（1）承包人根据合同约定或监理人指示进行的现场材料试验，应由承包人提供试验场所、试验人员、试验设备器材以及其他必要的试验条件。

（2）监理人在必要时可以使用承包人的试验场所、试验设备器材以及其他试验条件，进行以工程质量检查为目的的复核性材料试验，承包人应予以协助。

3. 现场工艺试验

承包人应按合同约定或监理人指示进行现场工艺试验。对大型的现场工艺试验，监理人认为必要时，应由承包人根据监理人提出的工艺试验要求，编制工艺试验措施计划，报送监理人审批。

六、费用控制的主要条款内容

（一）预付款

预付款用于承包人为合同工程施工购置材料、工程设备、施工设备、修建临时设施以及组织施工队伍进场等。预付款的额度和预付办法在专用合同条款中约定。预付款必须专用于合同工程。

除专用合同条款另有约定外，承包人应在收到预付款的同时向发包人提交预付款保函，预付款保函的担保金额应与预付款金额相同。保函的担保金额可根据预付款扣回的金额相应递减。

（二）工程进度付款

1. 付款周期

付款周期同计量周期。

2. 进度付款申请单

承包人应在每个付款周期末，按监理人批准的格式和专用合同条款约定的份数，向监理人提交进度付款申请单，并附相应的支持性证明文件。

3. 进度付款证书和支付时间

（1）监理人在收到承包人进度付款申请单以及相应的支持性证明文件后的 14 天内完成核查，提出发包人到期应支付给承包人的金额以及相应的支持性材料，经发包人审查同意后，由监理人向承包人出具经发包人签认的进度付款证书。监理人有权扣发承包人未能按照合同要求履行任何工作或义务的相应金额。

（2）发包人应在监理人收到进度付款申请单后的 28 天内，将进度应付款支付给承包人。发包人不按期支付的，需按专用合同条款的约定支付逾期付款违约金。

（3）监理人出具进度付款证书，不应视为监理人已同意、批准或接受了承包人完成的该部分工作。

（4）进度付款涉及政府投资的，按照国库集中支付等国家相关规定和专用合同条款的约定办理。

4. 工程进度付款的修正

在对以往历次已签发的进度付款证书进行汇总和复核中发现错漏或重复的，监理人有权予以修正，承包人也有权提出修正申请。经双方复核同意的修正，应在本次进度付款中支付或扣除。

（三）质量保证金

监理人应从第一个付款周期开始，在发包人的进度付款中，按专用合同条款的约定扣留质量保证金，直至扣留的质量保证金总额达到专用合同条款约定的金额或其比例为止。质量保证金的计算额度不包括预付款的支付、扣回以及价格调整的金额。

在合同约定的缺陷责任期满时，承包人向发包人申请到期应返还承包人剩余的质量保证金，发包人应在 14 天内会同承包人按照合同约定的内容核实承包人是否完成缺陷责任。如无异议，发包人应当在核实后将剩余质量保证金返还承包人。

在合同约定的缺陷责任期满时，承包人没有完成缺陷责任的，发包人有权扣留与未履行责任剩余工作所需金额相应的质量保证金余额，并有权要求延长缺陷责任期，直至完成剩余工作为止。

（四）竣工结算

1. 竣工付款申请单

（1）工程接收证书颁发后，承包人应按专用合同条款约定的份数和期限向监理人提交竣工付款申请单，并提供相关证明材料。

（2）监理人对竣工付款申请单有异议的，有权要求承包人进行修正和提供补充资料。和承包人协商后，由承包人向监理人提交修正后的竣工付款申请单。

2. 竣工付款证书及支付时间

（1）监理人在收到承包人提交的竣工付款申请单后的 14 天内完成核查，提出发包人付给承包人的价款送发包人审核并抄送承包人。发包人应在收到后 14 天内审核监理人向承包人出具经发包人签认的竣工付款证书。监理人未在约定时间内核查提出具体意见的，视为承包人提交的竣工付款申请单已经监理人核查同意；发包人未在约定时间内审核又未提出具体意见的，视为监理人提出的发包人到期应支付给承包人的价款已经发包人同意。

（2）发包人应在监理人出具竣工付款证书后的 14 天内，将应支付款支付给承包人。发包人不按期支付的，按合同约定，将逾期付款违约金支付给承包人。

（3）承包人对发包人签认的竣工付款证书有异议的，发包人可出具竣工付款申请单中承包人已同意部分的临时付款证书。存在争议的部分，按第 24 条的约定办理。

（五）最终结清

1. 最终结清申请单

（1）缺陷责任期终止证书签发后，承包人可按专用合同条款约定的份数和期限向监理人提交最终结清申请单，并提供相关证明材料。

（2）发包人对最终结清申请单内容有异议的，有权要求承包人进行修正和提供补充资料，由承包人向监理人提交修正后的最终结清申请单。

2. 最终结清证书和支付时间

（1）监理人在收到承包人提交的最终结清申请单后的 14 天内，提出将发包人应支付给承包人的价款送发包人审核并抄送承包人，发包人应在收到后的 14 天内审核完毕，由监理人向承包人出具经发包人签认的最终结清证书。监理人未在约定时间内核查，又未提出具体意见的，视为承包人提交的最终结清申请已经监理人核查同意；发包人未在约定时间内审核又未提出具体意见的，监理人提出应支付给承包人的价款视为已经发包人同意。

（2）发包人应在监理人出具最终结清证书后的 14 天内，将应支付款支付给承包人。发包人不按期支付的，按合同约定，将逾期付款违约金支付给承包人。

（3）承包人对发包人签认的最终结清证书有异议的，按第24条（争议的解决）的约定办理。

七、竣工验收

（一）竣工验收的含义

竣工验收指承包人完成全部合同工作后，发包人按合同要求进行的验收。

国家验收是政府有关部门根据法律、规范、规程和政策要求，针对发包人全面组织实施的整个工程正式交付投运前的验收。

竣工验收是国家验收的一部分。竣工验收所采用的各项验收和评定标准应符合国家验收标准。发包人和承包人为竣工验收提供的各项竣工验收资料应符合国家验收的要求。

（二）竣工验收申请报告

当工程具备以下条件时，承包人即可向监理人报送竣工验收申请报告。

（1）除监理人同意列入缺陷责任期内完成的尾工（甩项）工程和缺陷修补工作外，合同范围内的全部单位工程以及有关工作，包括合同要求的试验、试运行以及检验和验收均已完成，并符合合同要求。

（2）已按合同约定的内容和份数备齐了符合要求的竣工资料。

（3）已按监理人的要求编制了在缺陷责任期内完成的尾工（甩项）工程和缺陷修补工作清单以及相应施工计划。

（4）监理人要求在竣工验收前应完成的其他工作。

（5）监理人要求提交的竣工验收资料清单。

（三）验收

监理人收到承包人按要求提交的竣工验收申请报告后，应审查申请报告的各项内容，并按以下不同情况进行处理。

（1）监理人审查后认为尚不具备竣工验收条件的，应在收到竣工验收申请报告后的28天内通知承包人，指出在颁发接收证书前承包人还须进行的工作内容。承包人完成监理人通知的全部工作内容后，应再次提交竣工验收申请报告，直至监理人同意为止。

（2）监理人审查后认为已具备竣工验收条件的，应在收到竣工验收申请报告后的28天内提请发包人进行工程验收。

（3）发包人经过验收后同意接收工程的，应在监理人收到竣工验收申请报告后的56天内，由监理人向承包人出具经发包人签认的工程接收证书。发包人验收后同意接收工程但提出整修和完善要求的，限期修好，并缓发工程接收证书。整修和完善工作完成后，监理人复查达到要求的，经发包人同意后，再向承包人出具工程接收证书。

（4）发包人验收后不同意接收工程的，监理人应按照发包人的验收意见发出指示，要求承包人对不合格工程认真返工或进行补救处理，并承担由此产生的费用。承包人在完成不合格工程的返工或补救工作后，应重新提交竣工验收申请报告。

（5）除专用合同条款另有约定外，经验收合格工程的实际竣工日期，以提交竣工验收申请报告的日期为准，并在工程接收证书中写明。

（6）发包人在收到承包人竣工验收申请报告的56天内未进行验收的，视为验收合格，实际竣工日期以提交竣工验收申请报告的日期为准，但发包人由于不可抗力不能进行验收的除外。

（四）单位工程验收

发包人根据合同进度计划安排，在全部工程竣工前需要使用已经竣工的单位工程时，或承包人提出经发包人同意时，可进行单位工程验收。验收合格后，由监理人向承包人出具经发包人签认的单位工程验收证书。已签发单位工程接收证书的单位工程由发包人负责照管。单位工程的验收成果和结论作为全部工程竣工验收申请报告的附件。

发包人在全部工程竣工前，使用已接收的单位工程导致承包人费用增加的，发包人应承担由此增加的费用和（或）工期延误的损失，并支付承包人合理利润。

（五）施工期运行

施工期运行是指合同工程尚未全部竣工，其中某项或某几项单位工程或工程设备安装已竣工，根据专用合同条款约定，需要投入施工期运行的，经发包人验收合格，证明能确保安全后，才能在施工期投入运行。

在施工期运行中发现工程或工程设备损坏或存在缺陷的，由承包人按合同规定进行修复。

（六）试运行

除专用合同条款另有约定外，承包人应按专用合同条款约定进行工程及工程设备试运行，负责提供试运行所需的人员、器材和必要的条件，并承担全部试运行费用。

由于承包人的原因导致试运行失败的，承包人应采取措施保证试运行合格，并承担相应费用。由于发包人的原因导致试运行失败的，承包人应当采取措施保证试运行合格，发包人应承担由此产生的费用，并支付承包人合理利润。

（七）竣工清场

除合同另有约定外，工程接收证书颁发后，承包人应按以下要求对施工场地进行清理，直至监理人检验合格为止。竣工清场费用由承包人承担。

（1）施工场地内残留的垃圾已全部清理出场；

（2）临时工程已拆除，场地已按合同要求进行清理、平整或复原；

（3）按合同约定应撤离的承包人设备和剩余的材料，包括废弃的施工设备和材料，已按计划撤离施工场地；

（4）工程建筑物周边及其附近道路、河道的施工堆积物，已按监理人指示全部清理；

（5）监理人指示的其他场地清理工作已全部完成。

承包人未按监理人的要求恢复临时占地，或者场地清理未达到合同约定的，发包人有权委托其他人恢复或清理，所发生的费用从拟支付给承包人的款项中扣除。

第三节 施工合同的计价方式

施工承包合同可以按照不同的方法加以分类，按照承包合同的计价方式可分为单价合同、总价合同和成本加酬金合同三大类。

一、单价合同的应用

当发包工程的内容和工程量尚不能明确时，则可以采用单价合同形式，即根据计划工程内容和估算工程量，在合同中明确每项工程内容的单位价格（如每米、每平方米或者每立方米的价格），实际支付时则根据实际完成的工程量乘以合同单价计算应付的工程款。

单价合同的特点是单价优先，如 FIDIC 土木工程施工合同中，业主给出的工程量清单表中的数字是参考数字，而实际工程款则按实际完成的工程量和承包商投标时所报的单价计算。虽然在投标报价、评标以及签订合同中，人们常常注重总价格，但在工程款结算中单价优先，对于投标书中明显的数字计算错误，业主有权先作修改再评标，当总价和单价的计算结果不一致时，以单价为准调整总价。

由于单价合同允许随工程量变化而调整工程总价，业主和承包商都不存在工程量方面的风险，因此对合同双方都比较公平。另外，在招标前，发包单位无须对工程范围作出完整的、详尽的规定，从而可以缩短招标准备时间，投标人也只需对所列工程内容报出自己的单价，从而缩短投标时间。

采用单价合同对业主的不足之处是，业主需要安排专门人力来核实已经完成的工程量，需要在施工过程中花费不少精力，协调工作量大。另外，用于计算应付工程款的实际工程量可能超过预测的工程量，即实际投资容易超过计划投资，对投资控制不利。

单价合同又分为固定单价合同和变动单价合同。

固定单价合同条件下，无论发生什么影响价格的因素都不对单价进行调整，因而对承包商而言就存在一定的风险。当采用变动单价合同时，合同双方可以约定一个估计的工程量，当实际工程量发生较大变化时可以对单价进行调整，同时还应该约定如何对单价进行调整；当然也可以约定，当通货膨胀达到一定水平或者国家政策发生变化时，可以对哪些工程内容的单价进行调整以及如何调整等。因此，承包商的风险相对较小。

固定单价合同适用于工期较短、工程量变化幅度不会太大的项目。

在工程实践中，采用单价合同有时也会根据估算的工程量计算一个初步的合同总价，作为投标报价和签订合同之用。但是，当上述初步的合同总价与各项单价乘以实际完成的工程量之和发生矛盾时，则肯定以后者为准，即单价优先。实际工程款的支付也将以实际完成工程量乘以合同单价进行计算。

二、总价合同的应用

（一）总价合同的含义

所谓总价合同，是指根据合同规定的工程施工内容和有关条件，业主应付给承包商的款额是一个规定的金额，即明确的总价。总价合同也称作总价包干合同，即根据施工招标时的要求和条件，当施工内容和有关条件不发生变化时，业主付给承包商的价款总额就不发生变化。如果由于承包人的失误导致投标价计算错误，合同总价格也不予调整。

总价合同又分固定总价合同和变动总价合同两种。

（二）固定总价合同

固定总价合同的价格计算是以图纸及规定、规范为基础，工程任务和内容明确，业主的要求和条件清楚，合同总价一次包死，固定不变，即不再因为环境的变化和工程量的增减而变化。在这类合同中，承包商承担了全部的工作量和价格的风险，因此，承包商在报价时对一切费用的价格变动因素以及不可预见因素都做了充分估计，并将其包含在合同价格之中。

在国际上，这种合同被广泛接受和采用，因为有比较成熟的法规和先例的经验；对业主而言，在合同签订时就可以基本确定项目的总投资额，对投资控制有利；在双方都无法预测的风险条件下和可能有工程变更的情况下，承包商承担了较大的风险，业主的风险较小。但是，工程变更和不可预见的困难也常常引起合同双方的纠纷或者诉讼，最终导致其他费用的增加。

当然，在固定总价合同中还可以约定，在发生重大工程变更、累计工程变更超过一定幅度或者其他特殊条件下可以对合同价格进行调整。因此，需要定义重大工程变更的含义、累计工程变更的幅度，什么样的特殊条件才能调整合同价格，以及如何调整合同价格等。

采用固定总价合同，双方结算比较简单，但是由于承包商承担了较大的风险，因此报价中不可避免地要增加一笔较高的不可预见的风险费。承包商的风险主要有两个方面：一是价格风险，二是工作量风险。价格风险有报价计算错误、漏报项目、物价和人工费上涨等；工作量风险有工程量计算错误、工程范围不确定、工程变更或者由于设计深度不够所造成的误差等。

固定总价合同适用于以下情况：

（1）工程量小、工期短，估计在施工过程中环境因素变化小，工程条件稳定并合理。

（2）工程设计详细，图纸完整、清楚，工程任务和范围明确。

（3）工程结构和技术简单，风险小。

（4）投标期相对宽裕，承包商可以有充足的时间详细考察现场，复核工程量，分析招标文件，拟订施工计划。

（5）合同条件中双方的权利和义务十分清晰，合同条件完备。

（三）变动总价合同

变动总价合同又称为可调总价合同，合同价格是以图纸及规定、规范为基础，按照时价进行计算，得到包括全部工程任务和内容的暂定合同价格。它是一种相对固定的价格，在合同执行过程中，由于通货膨胀等原因而使所使用的工、料成本增加时，可以按照合同约定对合同总价进行相应调整。当然，一般由于设计变更、工程量变化或其他工程条件变化所引起的费用变化也可以进行调整。因此，通货膨胀等不可预见因素的风险由业主承担，对承包商而言，其风险相对较小；但对业主而言，不利于其进行投资控制，突破投资的风险就增大了。

根据《建设工程施工合同（示范文本）》（GF-99-0201），合同双方可约定，在下列条件下可对合同价款进行调整：

（1）法律、行政法规和国家有关政策变化影响合同价款。

（2）工程造价管理部门公布的价格调整。

（3）一周内非承包人原因停水、停电、停气造成的停工累计超过 8 小时。

（4）双方约定的其他因素。

在工程施工承包招标时，施工期限一年左右的项目一般实行固定总价合同，通常不考虑价格调整问题，以签订合同时的单价和总价为准，物价上涨的风险全部由承包商承担。但是对建设周期一年半以上的工程项目，则应考虑下列因素引起的价格变化问题：

（1）劳务工资以及材料费用的上涨。

（2）其他影响工程造价的因素，如运输费、燃料费、电力等价格的变化。

（3）外汇汇率的不稳定。

（4）国家或者省、市立法的改变引起的工程费用的上涨。

（四）总价合同的特点和应用

显然，采用总价合同时，对发包工程的内容及其各种条件都应基本清楚、明确。否则，双方都有蒙受损失的风险。因此，一般是在施工图设计完成，施工任务和范围比较明确，业主的目标、要求和条件都清楚的情况下才采用总价合同。对业主来说，由于设计花费时间长，因而开工时间较晚，开工后的变更容易带来索赔，而且在设计过程中也难以吸收承包商的建议。

总价合同的特点是：

（1）发包单位可以在报价竞争状态下确定项目的总造价，可以较早确定或者预测工程成本。

（2）业主的风险较小，承包人将承担较多的风险。

（3）评标时易于迅速确定最低报价的投标人。

（4）在施工进度上能极大地调动承包人的积极性。

（5）发包单位能更容易、更有把握地对项目进行控制。

（6）必须完整而明确地规定承包人的工作。

（7）必须将设计和施工方面的变化控制在最小限度内。

总价合同和单价合同有时在形式上很相似。例如，在有的总价合同的招标文件中也有工程量表，也要求承包商提出各分项工程的报价，与单价合同在形式上很相似，但两者在性质上是完全不同的。总价合同是总价优先，承包商报总价，双方商讨并确定合同总价，最终也按总价结算。

三、成本加酬金合同的应用

（一）成本加酬金合同的含义

成本加酬金合同也称为成本补偿合同，这是与固定总价合同正好相反的合同，工程施工的最终合同价格将按照工程的实际成本再加上一定的酬金进行计算，在合同签订时，工程实际成本往往不能确定，只能确定酬金的取值比例或者计算原则。

采用这种合同，承包商不承担任何价格变化或工程量变化的风险，这些风险主要由业主承担，对业主的投资控制很不利。而承包商则往往缺乏控制成本的积极性，常常不仅不愿意控制成本，甚至还会期望提高成本以提高自己的经济效益，因此这种合同容易被那些不道德或不称职的承包商滥用，从而损害工程的整体效益。所以，应该尽量避免采用这种合同。

（二）成本加酬金合同的特点和适用条件

1. 成本加酬金合同的适用条件

（1）工程特别复杂，工程技术、结构方案不能预先确定，或者尽管可以确定工程技术和结构方案，但是不可能进行竞争性的招标活动并以总价合同或单价合同的形式确定承包商，如研究开发性质的工程项目。

（2）时间特别紧迫。如抢险、救灾工程来不及进行详细的计划和商谈。

对业主而言，这种合同形式也有一定优点，如：

1）可以通过分段施工缩短工期，而不必等待所有施工图完成才开始招标和施工。

2）可以减少承包商的对立情绪，承包商对工程变更和不可预见条件的反应会比较积极和快捷。

（3）可以聘用承包商的施工技术专家，帮助改进或弥补设计中的不足。

（4）业主可以根据自身的力量和需要，较深入地介入和控制工程施工和管理。

（5）可以通过确定最大保证价格约束工程成本不超过某一限值，从而转移一部分风险。

对承包商来说，这种合同比固定总价合同的风险低，利润比较有保证，因而比较有积极性。其缺点是合同的不确定性大，由于设计未完成，无法准确确定合同的工程内容、工程量以及合同的终止时间，有时难以对工程计划进行合理安排。

2. 成本加酬金合同的形式

成本加酬金合同有许多种形式，主要如下：

（1）成本加固定费用合同。根据双方讨论同意的工程规模、估计工期、技术要求、工作性质及复杂性、所涉及的风险等来考虑确定一笔固定数目的报酬金额作为管理费及利润，对人工、材料、机械台班等直接成本则实报实销。如果设计变更或增加新项目，且直接费超过原估算成本的一定比例（如 10%）时，固定的报酬也要增加。在工程总成本一开始估计不准，且可能变化不大的情况下，可采用此合同形式，或分几个阶段谈判付给固定报酬。这种方式虽然不能鼓励承包商降低成本，但为了尽快得到酬金，承包商会尽力缩短工期。有时也可在固定费用之外根据工程质量、工期和节约成本等因素，给承包商另加奖金，以鼓励承包商积极工作。

（2）成本加固定比例费用合同。工程成本中直接费加一定比例的报酬费，报酬部分的比例在签订合同时由双方确定。这种方式的报酬费用总额随成本加大而增加，不利于缩短工期和降低成本。一般在工程初期很难描述工作范围和性质，或工期紧迫，无法按常规编制招标文件招标时采用。

（3）成本加奖金合同。奖金是根据报价书中的成本估算指标制定的，在合同中对这个估算指标规定一个底点和顶点，分别为工程成本估算的60%~75% 和 110%~135%。承包商在估算指标的顶点以下完成工程则可得到奖金，超过顶点则要对超出部分支付罚款。如果成本在底点之下，则可加大酬金值或酬金百分比。采用这种方式通常规定，当实际成本超过顶点对承包商罚款时，最大罚款限额不超过原先商定的最高酬金额。

在招标时，当图纸、规范等配备不充分，不能据以确定合同价格，而仅能制定一个估算指标时可采用这种形式。

（4）最大成本加费用合同。在工程成本总价基础上加固定酬金费用的方式，即当设计深度达到可以报总价的深度，投标人报一个工程成本总价和一个固定的酬金（包括各项管理费、风险费和利润）。如果实际成本超过合同中规定的工程成本总价，由承包商承担所有的额外费用。若实施过程中节约了成本，节约的部分归业主，或者由业主与承包商分享，在合同中要确定节约分成比例。在非代理型（风险型）CM 模式的合同中就可用这种方式。

（三）成本加酬金合同的应用

当实行施工总承包管理模式或 CM 模式时，业主与施工总承包管理单位或 CM 单位的合同一般采用成本加酬金合同。在国际上，许多项目管理合同、咨询服务合同等也多采用成本加酬金合同的方式。

在施工承包合同中采用成本加酬金计价方式时，业主与承包商应该注意以下问题：

（1）必须有一个明确的如何向承包商支付酬金的条款，包括支付时间和金额百分比，如果发生变更或其他变化，酬金支付如何调整等。

（2）应该列出工程费用清单，要规定一套详细的工程现场有关的数据记录、信息存储甚至记账的格式和方法，以便对实际发生的人工、机械和材料消耗等数据认真而及时地记录。应该保留有关工程实际成本的发票或付款的账单，表明款额已经支付的记录或证明等，以便业主进行审核和结算。

第四节　施工合同订立及执行过程的管理

一、合同订立过程的管理

授权委托：承包商对外签订合同，应由法定代表人或法定代表人授权的代理人进行。未经授权，任何人不得以法人名义对外签订合同。授权委托采取书面形式，规定明确的授权范围、代理权限及有效期限。

（一）合同签订（或工程投标）前的管理

承包人在工程投标前，应认真阅读招标文件，严格履行招标文件评审并对工程发包人的以下情况进行了解并作出可行性研究，在未作出研究结果前，招标工程不能轻易投标，杜绝贸然签订合同。

（1）初步设计已经审批，有能满足计算工程造价要求的设计文件。

（2）已正式列入年度基本建设投资计划。

（3）施工所需资金已经全部落实；发包人供应材料设备的范围已经确定。

（4）工程建设用地已经批准，征地、拆迁已经落实，施工用水源、电源和交通等条件能满足施工需要。

（5）在城市规划区建设的工程，符合城市规划要求。

（6）工程所在地的外部环境、业主的诚信程度和履约能力。

（二）合同签订管理

1. 合同的谈判与起草

对于中标工程或拟承接工程坚持使用《建设工程施工合同（示范文本）》，力争合同的起草权。起草合同时要按合同的通用条款，结合协议书和专用条款，合同文字要规范、准确；在进行合同谈判时，要把承包人和发包人作为平等的合同主体，不卑不亢，逐条与发包人谈判，特别是需要承包人承担责任和义务的条款，都要提出具体的意见，使合同基本公平、周密，避免出现权利义务严重失衡的条款。

2. 合同的评审

对拟签合同必须进行合同评审。评审工作由承包人负责合同签订部门组织，主任经济师主持，主任会计师，主任工程师，人力资源、财务、预算、工程（技术）、设备材料、安全等部门负责人员参加，一般合同评审应邀请法律顾问参加，评审内容主要应包括合同价款、结算方式、资金拨付、工期、双方责任、权利和义务等，并满足质量、环境、职业健康安全体系文件的要求，还要对合同的合法性、真实性、公平性、周密性、风险性进行评审。所有参加评审人员要认真履行职责，逐条逐句进行斟酌，保证合同没有漏洞和风险隐患，认真填写“合同评审记录表”，并提出评审结论意见。

（1）合同合法性包括

合同主体、形式、内容及订立手续是否合法。

（2）合同真实性包括

发包人的履约能力、信誉以及发包人的经营、偿付能力。

（3）合同公平性

审查合同双方的责任、权利、义务等是否公平、平等。

（4）合同周密性

审查合同是否完备、严密，即合同条款是否齐备、完善，合同文字是否规范，意思表达是否准确。

（5）合同风险性

工期是否合理以及工期提前或拖延的奖罚条款是否合理，质量要求是否合理，充分考虑材料价格市场风险，并根据合同价款以及结算方式预测收益和成本有无经营风险。

合同内有无转移风险的担保、索赔、保险等相应条款。

合同评审工作的质量由主任经济师负总责，各专业评审人员必须对涉及自己专业的合同内容签署明确的有实质性内容的评审意见，根据评审意见由主任经济师作出文字分析结论和经营、成本预测。

3. 合同审核

经评审的拟签合同及“工程合同评审表”、完备的评审资料报承包企业施工合同主管部门进行审核，审核内容包括：合同合法性、真实性、公平性、周密性以及风险性。对于存在以下问题的合同：工程造价低于企业成本，前期垫资施工，进度款拨付少于70%，至工程竣工结算工程款拨付不到90%，或有对承包人要求较为苛刻条款的，由主管部门会同企业法律部门及相关领导共同研究，提出具体书面意见，报请主管领导审批后再确认签章。

二、施工合同执行过程的管理

合同的履行是指工程建设项目的发包方和承包方根据合同规定的时间、地点、方式、内容和标准等要求，各自完成合同义务的行为。合同的履行，是合同当事人双方都应尽的义务。任何一方违反合同，不履行合同义务，或者未完全履行合同义务，给对方造成损失时，都应当承担赔偿责任。

合同签订以后，当事人必须认真分析合同条款，向参与项目实施的有关责任人做好合同交底工作，在合同履行过程中进行跟踪与控制，并加强合同的变更管理，保证合同的顺利履行。

（一）项目合同管理

项目经理部应建立合同管理制度，并设立专门机构或人员负责合同管理工作，其合同管理的主要内容是合同的订立、实施、控制和综合评价等工作。

有效的合同管理机制是保证建筑工程项目施工顺利的基础，项目经理部应树立合同管理的理念，加强项目合同管理工作。

在合同管理制度中，项目合同实施计划的制订是项目经理部合同管理的一项重要工作。为此，项目经理部要在充分讨论的基础上，建立合同实施保证体系。合同实施保证体系应与其他管理体系协调一致，须建立合同文件沟通方式、编码系统和文档系统，这要求项目经理部实现电子化管理。承包商应对其同时承接的合同作总体协调安排。承包商所签订的各分包合同及自行完成工作责任的分配，能涵盖主合同的总体责任，在价格、进度、组织等方面符合主合同的要求。完善的合同实施保证体系能够保证项目合同实施控制的有效进行，确保项目目标的实现。

（二）施工合同交底的管理

在施工企业，投标及合同签订往往由企业领导、市场部门及合同部门负责，而项目的实施则由项目经理部负责。因此，为保证投标及合同签订阶段合同文件中的各项要求在项目实施过程中能充分、有效地贯彻，在项目实施前，前期负责投标和合同签订的部门须对项目经理部及其他相关人员就合同文件中关于质量、进度、安全、环境保护、工程款支付、结算等要求进行一次全面、系统、正式的交底。在交底过程中，施工企业应通过组织相关人员对合同条款进行学习，熟悉合同中的主要内容、规定和要求，明确合同规定的工作范围、相关责任及违约后的法律后果等，使企业相关人员对合同内容的理解保持一致，并将工作内容和责任落实到企业各责任部门及项目经理部各岗位。

为了做好合同交底工作，施工企业应明确以下内容。

1. 交底时机

工程正式开工前，施工企业应进行一次全面、系统、正式的合同交底。

在合同履行过程中，也可就某一具体问题另行交底。

2. 责任部门

由前期负责投标和合同签订的部门对项目经理部及其他相关人员进行

交底。

3. 交底内容

合同交底内容通常以施工单位在合同履行过程中应承担的责任和义务为主，包括：

（1）工程概况及合同规定的工作范围；

（2）建设单位、监理单位及施工单位驻现场的主要负责人、职权范围、工作方式；

（3）工期要求，包括总进度计划、开竣工时间及关键线路说明；

（4）质量要求，包括质量目标、验收、移交及保修方面的要求；

（5）成本目标及工程款支付（预付款、工程进度款、最终付款、保留金）方面的规定；

（6）安全及环保目标与控制要求；

（7）主要资源配置需求及配置情况；

（8）合同争议解决的约定；

（9）其他。

4. 记录要求

施工企业负责合同交底的部门应保存合同交底记录。

（三）施工合同跟踪与控制

合同签订以后，合同中各项任务的执行要落实到具体的项目经理部或具体的项目参与人员身上，承包单位作为履行合同义务的主体，必须对合同执行者（项目经理部或项目参与人）的履行情况进行跟踪、监督和控制，确保合同义务的完全履行。

1. 施工合同跟踪

施工合同跟踪有两个方面的含义：一是承包单位的合同管理职能部门对合同执行者（项目经理部或项目参与人）的履行情况进行的跟踪、监督和检查；二是合同执行者（项目经理部或项目参与人）本身对合同计划的执行情况进行的跟踪、检查与对比。在合同实施过程中二者缺一不可。

对合同执行者而言，应该掌握合同跟踪的以下方面。

（1）合同跟踪的依据

合同跟踪的重要依据首先是合同以及依据合同而编制的各种计划文件；其次是各种实际工程文件如原始记录、报表、验收报告等；另外，还要依据管理人员对现场情况的直观了解，如现场巡视、交谈、会议、质量检查等。

（2）合同跟踪的对象

1）承包的任务

a. 工程施工的质量，包括材料、构件、制品和设备等的质量，以及施工或安装的质量，是否符合合同要求等；

b. 工程进度，是否在预定期限内施工，工期有无延长，延长的原因是什么等；

c. 工程数量，是否按合同要求完成全部施工任务，有无合同规定以外的施工任务等；

d. 成本的增加和减少。

2）工程小组或分包人的工程和工作

可以将工程施工任务分解交由不同的工程小组或发包给专业分包单位完成，工程承包人必须对这些工程小组或分包人及其所负责的工程进行跟踪检查，协调关系，提出意见、建议或警告，保证工程的总体质量和进度。

对专业分包人的工作和负责的工程，总承包商负有协调和管理的责任，并承担由此造成的损失，所以专业分包人的工作和负责的工程必须纳入总承包工程的计划和控制中，防止因分包人工程管理失误而影响全局。

3）业主和其委托的工程师的工作

a. 业主是否及时、完整地提供了工程施工的实施条件，如场地、图纸、资料等；

b. 业主和工程师是否及时给予了指令、答复和确认等；

c. 业主是否及时并足额地支付了应付的工程款项。

2. 合同实施的偏差分析

通过合同跟踪，可能会发现合同实施中存在着偏差，即工程实施实际情况偏离了工程计划和工程目标，应该及时分析原因，采取措施，纠正偏差，避免损失。

合同实施偏差分析的内容包括以下几个方面：

（1）产生偏差的原因分析

通过对合同执行实际情况与实施计划的对比分析，不仅可以发现合同实施的偏差，而且可以探索引起差异的原因。原因分析可以采用鱼刺图、因果关系分析图（表）、成本量差、价差、效率差分析等方法定性或定量地进行。

（2）合同实施偏差的责任分析

即分析合同偏差是由谁引起的，应该由谁承担责任。

责任分析必须以合同为依据，按合同规定落实双方的责任。

（3）合同实施趋势分析

针对合同实施偏差情况，可以采取不同的措施。应分析在不同措施下合同执行的结果与趋势，包括：

1）最终的工程状况，包括总工期的延误、总成本的超支、质量标准、所能达到的生产能力（或功能要求）等；

2）承包商将承担什么样的后果，如被罚款、被清算，甚至被起诉，对承包商资信、企业形象、经营战略的影响等；

3）最终工程经济效益（利润）水平。

3. 合同实施偏差处理

根据合同实施偏差分析的结果，承包商应该采取相应的调整措施。调整措施可分为：

（1）组织措施，如增加人员投入，调整人员安排，调整工作流程和工作计划等；

（2）技术措施，如变更技术方案，采用新的高效率的施工方案等；

（3）经济措施，如增加投入，采取经济激励措施等；

（4）合同措施，如进行合同变更，签订附加协议，采取索赔手段等。

（四）施工合同变更管理

合同变更是指合同订立以后和履行完毕以前由双方当事人依法对合同的内容所进行的修改，包括合同价款，工程内容，工程的数量、质量要求和标准，实施程序等的一切改变都属于合同变更。

工程变更一般是指在工程施工过程中，根据合同约定对施工的程序，工程的内容、数量、质量要求及标准等作出的变更。工程变更属于合同变更，合同变更主要是由于工程变更引起的，合同变更的管理也主要是进行工程变更的管理。

1. 工程变更的原因

工程变更一般主要有以下几个方面原因：

（1）业主新的变更指令，对建筑的新要求。如业主有新的意图，业主修改项目计划、削减项目预算等。

（2）由于设计人员、监理人员、承包商事先没有很好地理解业主的意图，或设计错误，导致图纸修改。

（3）工程环境的变化、预定的工程条件不准确，要求实施方案或实施计划变更。

（4）由于产生新技术和知识，有必要改变原设计、原实施方案或实施计划，或由于业主指令及业主责任造成承包商施工方案的改变。

（5）政府部门对工程新的要求，如国家计划变化、环境保护要求、城市规划变动等。

（6）由于合同实施出现问题，必须调整合同目标或修改合同条款。

2. 变更的范围和内容

根据国家发展和改革委员会等九部委联合编制的《标准施工招标文件》中通用合同条款的规定，除专用合同条款另有约定外，在履行合同中发生以下情形之一的，应按照本条规定进行变更：

（1）取消合同中任何一项工作，但被取消的工作不能转由发包人或其他人实施；

（2）改变合同中任何一项工作的质量或其他特性；

（3）改变合同工程的基线、标高、位置或尺寸；

（4）改变合同中任何一项工作的施工时间或改变已批准的施工工艺或顺序；

（5）为完成工程需要追加的额外工作。

在履行合同过程中，承包人可以对发包人提供的图纸、技术要求以及其他方面提出合理化建议。

3. 变更权

根据九部委《标准施工招标文件》通用合同条款的规定，在履行合同过程中，经发包人同意，监理人可按合同约定的变更程序向承包人作出变更指示，承包人应遵照执行。没有监理人变更指示的，承包人不得擅自变更。

4. 变更程序

根据九部委《标准施工招标文件》通用合同条款的规定，变更的程序如下。

（1）变更的提出

1）在合同履行过程中，可能发生通用合同条款第 15.1 款约定情形的变更，监理人可向承包人发出变更意向书。变更意向书应说明变更的具体内容和发包人对变更的时间要求，并附必要的图纸和相关资料。变更意向书应要求承包人提交包括拟实施变更工作的计划、措施和竣工时间等内容的实施方案。发包人同意承包人根据变更意向书要求提交的变更实施方案的，由监理人按合同约定的程序发出变更指示。

2）在合同履行过程中，已经发生通用合同条款第 15.1 款约定情形的，监理人应按照合同约定的程序向承包人发出变更指示。

3）承包人收到监理人按合同约定发出的图纸和文件，经检查认为其中存在第 15.1 款约定情形的，可向监理人提出书面变更建议。变更建议应阐明要求变更的依据，并附必要的图纸和说明。监理人收到承包人书面建议后，应与发包人共同研究，确认存在变更的，应在收到承包人书面建议后的 14 天内作出变更指示。经研究后不同意作出变更的，应由监理人书面答复承包人。

4）若承包人收到监理人的变更意向书后认为难以实施此项变更的，应立即通知监理人，说明原因并附详细依据。监理人与承包人和发包人协商后确定撤销、改变或不改变原变更意向书。

（2）变更指示

根据九部委《标准施工招标文件》通用合同条款的规定，变更指示只能由监理人发出。变更指示应说明变更的目的、范围，变更内容以及变更的工程量及其进度和技术要求，并附有关图纸和文件。承包人收到变更指示后，应按变更指示进行变更工作。

5. 承包人的合理化建议

根据九部委《标准施工招标文件》通用合同条款的规定，在履行合同过程中，承包人对发包人提供的图纸、技术要求以及其他方面提出的合理化建议，均应以书面形式提交监理人。合理化建议书的内容应包括建议工作的详细说明、进度计划和效益以及与其他工作的协调等，并附必要的设计文件。监理人应与发包人协商是否采纳建议。建议被采纳并构成变更的，应按合同约定的程序向承包人发出变更指示。

承包人提出的合理化建议降低了合同价格、缩短了工期或者提高了工程经济效益的，发包人可按国家有关规定在专用合同条款中的约定给予奖励。

6. 变更估价

根据九部委《标准施工招标文件》通用合同条款的规定：

（1）除专用合同条款对期限另有约定外，承包人应在收到变更指示或变更意向书后的 14 天内，向监理人提交变更报价书，报价内容应根据合同约定的估价原则，详细开列变更工作的价格组成及其依据，并附必要的施工方法的说明和有关图纸。

（2）变更工作影响工期的，承包人应提出调整工期的具体细节。监理人认为有必要时，可要求承包人提交要求提前或延长工期的施工进度计划及相应施工措施等详细资料。

（3）除专用合同条款对期限另有约定外，监理人收到承包人变更报价书后的 14 天内，根据合同约定的估价原则，按照第 3.5 款（总监理工程师与合同当事人进行商定或确定）商定或确定变更价格。

7. 变更的估价原则

除专用合同条款另有约定外，因变更引起的价格调整按照本款约定处理。

（1）已标价的工程量清单中有适用于变更工作的子目的，采用该子目的单价。

（2）已标价的工程量清单中无适用于变更工作的子目，但有类似子目的，可在合理范围内参照类似子目的单价，由监理人按第 3.5 款商定或确定变更工作的单价。

（3）已标价的工程量清单中无适用或类似子目的单价的，可按照成本加利润的原则，由监理人按第 3.5 款商定或确定变更工作的单价。

8. 计日工

根据九部委《标准施工招标文件》通用合同条款的规定：

（1）发包人认为有必要时，由监理人通知承包人以计日工方式实施变更的零星工作，其价款按列入已标价工程量清单中的计日工计价子目及其单价进行计算。

（2）采用计日工计价的任何一项变更工作，应从暂列金额中支付，承包人应在该项变更的实施过程中，每天提交以下报表和有关凭证报送监理人审批：

①工作名称、内容和数量；

②投入该工作所有人员的姓名、工种、级别和耗用工时；

③投入该工作的材料类别和数量；

④投入该工作的施工设备型号、台数和耗用台时；

⑤监理人要求提交的其他资料和凭证。

（3）计日工由承包人汇总后，按合同约定列入进度付款申请单，由监理人复核并经发包人同意后列入进度付款。

第五节　施工合同的索赔

建设工程索赔通常是指在工程合同履行过程中，合同当事人一方因对方不履行或未正确履行合同或者由于其他非自身因素而受到经济损失或权利损害时，通过合同规定及惯例向对方提出经济或时间补偿要求的行为。索赔是一种正当的权利要求，它是合同当事人之间一项正常而且普遍存在的合同管理业务，也是一种以法律和合同为依据的合情合理的行为。

在建设工程施工承包合同执行过程中，业主可以向承包商提出索赔要求，承包商也可以向业主提出索赔要求，即合同的双方都可以向对方提出索赔要求。当一方向另一方提出索赔要求时，被索赔方应采取适当的反驳、应对和防范措施，称为反索赔。

一、施工合同索赔的依据和证据

（一）索赔的依据

索赔的依据主要有：合同文件，法律、法规，工程建设惯例。

（二）索赔的证据

索赔证据是当事人用来支持其索赔成立或与索赔有关的证明文件和资料。索赔证据作为索赔文件的组成部分，在很大程度上关系到索赔的成功与否。证据不全、不足或没有证据，索赔是很难获得成功的。

在工程项目实施过程中，会产生大量的工程信息和资料，这些信息和资料是开展索赔的重要证据。因此，在施工过程中应该自始至终做好资料积累工作，建立完善的资料记录和科学管理制度，认真系统地积累和管理合同、质量、进度以及财务收支等方面的资料。

常见的索赔证据主要有：

（1）各种合同文件，包括施工合同协议书及其附件、中标通知书、投标书、标准和技术规范、图纸、工程量清单、工程报价单或者预算书、有关技术资料和要求、施工过程中的补充协议等。

（2）经过发包人或者工程师批准的承包人的施工进度计划、施工方案、施工组织设计和现场实施情况记录。

（3）施工日记和现场记录，包括有关设计交底、设计变更、施工变更指令，工程材料和机械设备的采购、验收与使用等方面的凭证及材料供应清单、合格证书，工程现场水、电、道路等开通、封闭的记录，停水、停电等各种干扰事件的时间和影响记录等。

（4）工程有关的照片和录像等。

（5）备忘录，对工程师或业主的口头指示和电话应随时进行书面记录，并且给予书面确认。

（6）发包人或者工程师签认的签证。

（7）工程各种往来函件、通知、答复等。

（8）工程各项会议纪要。

（9）发包人或者工程师发布的各种书面指令和确认书，以及承包人的要求、请求、通知书等。

（10）气象报告和资料，如有关温度、风力、雨雪的资料。

（11）投标前发包人提供的参考资料和现场资料。

（12）各种验收报告和技术鉴定等。

（13）工程核算资料、财务报告、财务凭证等。

（三）索赔证据的基本要求

索赔证据应该具有真实性、及时性、全面性、关联性、有效性。

（四）索赔成立的条件

1. 构成施工项目索赔条件的事件

索赔事件，又称为干扰事件，是指那些使实际情况与合同规定不符合，最终引起工期和费用变化的各类事件。在工程实施过程中，不断地跟踪、监督索赔事件，就可以不断地发现索赔机会。通常，承包商可以提起索赔的事件有：

（1）发包人违反合同给承包人造成时间、费用的损失；

（2）因工程变更（含设计变更、发包人提出的工程变更、监理工程师提出的工程变更，以及承包人提出并经监理工程师批准的变更）造成的时间、费用损失；

（3）由于监理工程师对合同文件的歧义解释、技术资料不确切，或由于不可抗力导致施工条件的改变，造成的时间、费用的增加；

（4）发包人提出提前完成项目或缩短工期而造成承包人的费用增加；

（5）发包人延误支付期限造成承包人的损失；

（6）合同规定以外的项目进行检验，且检验合格，或非承包人的原因导致项目缺陷的修复所产生的损失或费用；

（7）非承包人的原因导致工程暂时停工；

（8）物价上涨、法规变化及其他。

2. 索赔成立的前提条件

索赔的成立，应该同时具备以下三个前提条件：

（1）与合同对照，事件已造成了承包人工程项目成本的额外支出，或直接工期损失。

（2）造成费用增加或工期损失的原因，按合同约定不属于承包人的行为责任或风险责任。

（3）承包人按合同规定的程序和时间提交索赔意向通知和索赔报告。

以上三个条件必须同时具备，缺一不可。

二、施工索赔的处理原则

（一）工程索赔的处理原则

1. 索赔必须以合同为依据

不论是风险事件的发生，还是当事人不完成合同工作，都必须在合同中找到相应的依据，当然，有些依据可能是合同中隐含的。工程师依据合同和事实对索赔进行处理是其公平性的重要体现。在不同的合同条件下，这些依据很可能是不同的。如因为不可抗力导致的索赔，在国内《标准施工招标文件》的合同条款中，承包人机械设备损坏的损失，是由承包人承担的，不能向发包人索赔；但在国际咨询工程师联合会（FIDIC）合同条件下，不可抗力事件一般都列为业主承担的风险，损失都应当由业主承担。到具体的合同中，如果各个合同的协议条款不同，其依据的差别就更大了。

2. 及时、合理地处理索赔

索赔事件发生后，索赔的提出应当及时，索赔的处理也应当及时。索赔处理不及时，对双方都会产生不利的影响，如承包人的索赔长期得不到合理解决，索赔积累的结果会导致其资金困难，同时会影响工程进度，给双方都带来不利影响。处理索赔还必须坚持合理性原则，既考虑到国家的有关规定，也应当考虑到工程的实际情况。例如，承包人提出索赔要求，机械停工按照机械台班单价计算损失显然是不合理的，因为机械停工不发生运行费用。

3. 加强主动控制，减少工程索赔

对于工程索赔应当加强主动控制，尽量减少索赔。这就要求在工程管理过程中，应当尽量将工作做在前面，减少索赔事件的发生。这样能够使工程顺利地进行，降低工程投资，减少施工工期。

（二）索赔的计算

索赔费用内容一般可以包括以下几个方面：

（1）人工费。包括增加工作内容的人工费、停工损失费和工作效率降低的损失费等的累计，其中增加工作内容的人工费应按照计日工费计算，而停工损失费和工作效率降低的损失费按窝工费计算，窝工费的标准双方应在合同中约定。

（2）设备费。可采用机械台班费、机械折旧费、设备租赁费等几种形式。当工作内容增加引起设备费索赔时，设备费的标准按照机械台班费计算。因窝工引起的设备费索赔，当施工机械属于施工企业自有时，按照机械折旧费计算索赔费用；当施工机械是施工企业从外部租赁时，索赔费用的标准按照设备租赁费计算。

（3）材料费。材料费是指土木工程施工过程中，用于构成工程实体的原材料、辅助材料、构配件、零件、半成品的费用。这些费用包括材料原价、材料运杂费、运输损耗费、采购及保管费、检验试验费、材料包装费等。其中，材料原价是材料费用的基础，运杂费、运输损耗费、采购及保管费等则是构成材料费用的重要因素。

（4）保函手续费。工程延期时，保函手续费相应增加，反之，取消部分工程量，发包人与承包人达成提前竣工协议时，承包人的保函金额相应折减后计入合同价内的保函手续费也应扣减。

（5）迟延付款利息。发包人未按约定时间进行付款的，应按银行同期贷款利率支付迟延付款的利息。

（6）保险费。保险费是指被保险人为获得保险人在约定范围内所承担的赔偿或者给付因保险责任而支付的费用。在土木工程项目中，保险费主要包括建筑工程一切险和安装工程一切险的保险费用。这些保险旨在保障工程项目在施工过程中因自然灾害、意外事故等原因造成的物质损失和第三者责任。

（7）管理费。此项又可分为现场管理费和公司管理费两部分，由于二者的计算方法不一样，所以在审核过程中应区别对待。

（8）利润。在不同的索赔事件中可以索赔的费用是不同的。

第五章　工程项目施工安全管理

第一节　建筑工程安全生产管理概述

一、建筑工程安全生产的特点

建筑工程有着与其他生产行业明显不同的特点。

（1）建筑工程最大的特点就是产品固定，并附着在土地上，而且世界上没有完全相同的两块土地；建筑结构、规模、功能和施工工艺方法也是多种多样的，可以说建筑产品没有完全相同的。对人员、材料、机械设备、设施、防护用品、施工技术等有不同的要求，而且建筑现场环境（如地理条件、季节、气候等）也千差万别，决定了建筑施工的安全问题是不断变化的。建筑产品是固定的，体积大，生产周期长。一座厂房、一栋楼房、一座烟囱或一件设备，一经施工完毕就固定不动了。生产活动都是围绕着建筑物、构筑物来进行的，这就形成在有限的场地上集中了大量的工人、建筑材料、设备零部件和施工机具进行作业，这种情况一般持续几个月或一年甚至三五年，工程才能施工完成。

（2）流动性大是建筑工程的又一个特点。一座厂房、一栋楼房完成后，施工队伍就要转移到新的地点，去建新的厂房或住宅。这些新的工程，可能在同一个区域，也可能在另一个区域，甚至在另一个城市，那么队伍就要在相应地区域内、城市内或者地区内流动。

（3）建筑工程施工大多是露天作业，以重体力劳动的手工作业为主。建筑施工作业的高强度，施工现场的噪声、热量、有害气体和尘土等，以及露天作业环境不固定，高温和严寒使得作业人员体力和注意力下降，大风、雨雪天气还会导致工作条件恶劣，夜间照明不够，都会增加危险有害因素。在空旷的地方盖房子，没有遮阳棚，也没有避风的墙，工人常年在室外操作，一幢建筑物从基础、主体结构到屋面工程、室外装修等，露天作业约占整个工程的70%。建筑物都是由低到高建起来的，以民用住宅每层高2.9米计算，两层就是5.8米，现在一般都是多层建筑，或到十几层甚至几十层，所以绝大部分工人，都在十几米或几十米甚至百米以上的高空，从事露天作业。

（4）手工操作，繁重的劳动，体力消耗大。建筑工程大多数工种至今仍是手工操作。

（5）建筑工程的施工是流水作业，变化大，规则性差。每栋建筑物从基础、主体到装修，每道工序不同，不安全因素也不同，建筑业的工作场所和工作内容是动态的、不断变化的，每一个工序都可以使得施工现场变得完全不同。而随着工程的进度，施工现场可能会从地下的几十米到地上的几百米。在建筑过程中，周边环境、作业条件、施工技术等都在不断地变化，施工过程的安全问题也是不停变化的，而相应的安全防护设施往往滞后于施工进度。而随着工程进度的发展，施工现场的施工状况和不安全因素也随着变化，每个月、每天甚至每个小时都在变化。建筑物都是由低到高建成的，从这个角度来说，建筑施工有一定的规律性，但作为一个施工现场本就很不相同，为了完成施工任务，要采取很多临时性措施，其规则性就更差了。

（6）近年来，建设施工正由以工业建筑为主向民用建筑为主转变，建筑物由低层向高层发展，施工现场也由较为广阔的场地向狭窄的场地变化。为适应这种条件的变化，垂直运输的办法也随之改变。起重机械骤然增多，龙门架（或井字架）也得到了普遍的应用，施工现场吊装工作量增加了，交叉作业也随之大量地增加。木工机械，如电平刨、电锯等。很多设备是施工单位自己制造的，没有统一的型号，也没有固定的标准。开始只考虑提高功效，没有设置安全防护装置，现在制造定型的防护设施也较困难，施工条件变了，伤亡事故类别也变了，如过去是钉子扎脚较多，而现在是机械伤害较多。

二、建筑工程安全生产管理的现状

（一）市场不规范，影响了安全生产水平的提高

建筑市场环境与安全生产的关系十分密切，不规范的市场行为是引发安全事故的潜在因素。当前建筑市场中存在垫资、拖欠工程款、肢解工程和非法挂靠、违法分包等行为，行业管理部门在查处力度上还难以达到理想的效果，这些行为还没有得到有效的遏制，市场监管缺乏行之有效的措施和手段。不良的市场环境必然影响安全生产管理，其主要表现在一些安全生产制度、管理措施难以在施工现场落实，安全生产责任制形同虚设，总承包企业与分承包企业（尤其是建设方指定的分包商）在现场管理上缺乏相互配合的机制，给安全生产带来了隐患。

（二）建筑企业对安全重视程度不够

（1）安全管理人员少，安全管理人员整体素质不高，建筑施工企业内部安全投入不足，在安全上少投入成为企业利润挖潜的一种变相手段，安全自查自控工作形式化，企业安全检查工作形同虚设，建筑企业过分依赖监督机构和监理单位，安全工作在很大程度上就是为了应付上级检查。没有形成严格明确细化的全过程安全控制，其运行体系无法得到有效运行。

（2）建筑工程的流水施工作业，使得作业人员经常更换工作地点和环境。建设工程的作业场所和工作内容是动态的、不断变化的。随着工程进展，作业人员所面对的工作环境、作业条件、施工技术等不断发生变化，这些变化给施工企业带来了很大的安全风险。

（3）施工企业与项目部分离，安全措施得不到充分落实。一个施工企业往往同时承担多个项目的施工作业，企业与项目部通常是分离状态。这种分离使安全管理工作更多地由项目部承担。但是，由于项目的临时性和建筑市场竞争的日趋激烈，经济压力也相应增大，公司的安全措施往往被忽视。

（4）现在建筑施工存在的不安全因素复杂多变。建筑施工的高能耗，施

工作业的高强度，施工作业的现场限制，施工现场的噪声、热量、有害气体和尘土，劳动对象规模大且高空作业多，以及工人经常露天作业，受天气、温度影响大，这些都是工人经常面对的不利工作环境和负荷。

（5）施工作业标准化程度达不到，使得施工现场危险因素增多。工程建设是由许多主体参加，需要多种专业技术知识：建筑企业数量多，其技术水平、人员素质、技术装备、资金实力参差不齐。这些使建筑安全生产管理的难度增加，管理层次增多，管理关系更复杂。

（三）建设工程各方主体安全责任未落实到位

根据我国现状，许多项目经理实质上是项目利润的主要受益人，有时项目经理比公司更加追逐利润，更加忽视安全。造成安全生产投入严重不足，安全培训教育流于形式，施工现场管理混乱，安全防护不符合标准要求，未能建立起真正有效运转的安全生产保证体系。一些建设单位，包括有些政府投资工程的建设单位，未能真正重视和履行法规规定的安全责任，未能按照法律法规要求付给施工单位必要的管理费和规费，任意压缩合理工期，忽视安全生产管理等。

（四）作业人员稳定性差、流动性大、生产技能和自我防护意识薄弱

近年来，越来越多的农村富余劳动力进城务工，建筑施工现场是这些务工者主要选择的场所。由于体制上的不完善和管理上的滞后，大量既没有进行劳动技能培训又缺乏施工现场安全教育的务工者上岗后，对现场的不安全因素一无所知，对安全生产的重要性没有足够地认识、缺乏规范作业的知识，这是造成安全事故的重要原因。

（五）保障安全生产的各个环境要素不完善

企业之间恶性竞争，低价中标，违法分包、非法转包、无资质单位挂靠、以包代管现象突出；建筑行业生产力水平偏低，技术装备水平较落后，科技进

步在推动建筑安全生产形势好转方面的作用还没有充分体现出来。通过上述内容分析，针对存在的问题找到建筑施工安全生产监督管理的对策，逐步规范当前建筑工程市场，完善建筑工程安全生产的有效管理模式。

三、建筑工程安全生产管理采取的措施

针对建筑施工安全生产管理工作中暴露出的问题，如何做好依法监督、长效管理，我们除了要继续加强安全管理工作，还要从源头做起，解决建筑施工中存在的问题。

（一）规范工程建设各方的市场行为

从招投标环节开始把关，采取有效措施，保证建设资金的落实。加强施工成本管理，正确地界定合理成本价，避免无序竞争。参照国内外的成熟项目管理经验，在建设项目开工前，按规定提取安全生产的专项费用，专款专用，不得作为优惠条件和挪作他用，由专门部门负责。加大建设单位安全生产责任制的追究力度，明确其不良行为在安全事故中的连带责任，抑制现阶段存在的建设单位要求施工企业垫资、拖欠工程款、肢解工程项目发包等不良行为和不顾科学生产程序、一味追求施工进度的现象。

（二）坚持“安全第一、预防为主”的方针、落实安全生产责任制

树立“以人为本”思想，做好安全生产工作，减少事故的发生，就必须坚持“安全第一、预防为主”的方针。在安全生产中要严格落实安全生产责任制：一是明确具体的安全生产要求；二是明确具体的安全生产程序；三是明确具体的安全生产管理人员，责任落实到人；四是明确具体的安全生产培训要求；五是明确具体的安全生产责任。同时，应建立安全生产责任制的考核办法，通过考核，奖优罚劣，提高全体从业人员执行安全生产责任制的自觉性，使安全生产责任制的执行得到巩固，从源头上消除事故隐患，从制度上预防安全事故的发生。

（三）加强监理人员的安全职责

工程监理单位应当按照法律、法规和建设强制性标准实施监理，并对建设工程安全生产承担监理责任，实现安全监理、监督互补，彻底解决监管不力和缺位问题。细化监理安全责任，并在审查施工企业相关资格、安全生产保证体系、文明措施费使用计划、现场防护、安全技术措施、严格检查危险性较大的工程作业情况、督促整改安全隐患等方面，充分发挥监理企业的监管作用。

（四）加强对安全生产工作的行政监督

建设行政主管部门及质量安全监督机构在办理质量安全监督登记和施工许可证时，应按照中标承诺中的人员保证体系进行登记把关。工程建设参与各方主体应重点监督施工现场是否建立健全上述保证体系，保证体系是否有效运行，是否具备持续改进功能。工程建设参与各方安全责任是否落实，施工企业各有关人员安全责任是否履行，如发现违法、违规，不履行安全责任的，坚决处罚，做到有法可依、有法必依、执法必严、违法必究。对安全通病问题实行专项整治。充分发挥项目负责人的主观能动性；推行项目负责人安全扣分制；超过分值，进行强制培训，降低项目负责人资格等级，直至取消项目负责人执业资格。处罚企业时，同时处罚项目负责人：政府对企业上交罚款情况定期汇总公示；通报批评企业与工程的同时，也要通报批评项目负责人甚至总监理工程师。

（五）加强企业安全文化建设，加大教育和培训力度，提高员工的安全生产素质

随着改革开放的深入和经济的快速发展，建筑施工企业的经济成分和投资主体日趋多元化。而目前，不少施工企业安全文化建设还比较落后，要加强企业自身文化建设，重视安全生产，不断学习行业的先进管理经验，加大安全管理人力和物力的投入，加大教育和培训力度，提高安全管理人员的水平，增强操作人员自我安全防护意识和操作技能，从而提高行业的安全管理

水平。采取各种措施，提高建筑施工一线工人的安全意识。针对务工人员文化素质低、安全意识差、缺乏自我防护意识等现状，充分利用民工学校等教学资源，对建筑工人的建筑工程基础知识、安全基本要求进行强制性培训：鼓励技术工人参加技术等级培训，提高职业技能水平；大力组建多工种、多专业劳务分包企业，使建筑企业结构分类更趋合理，真正形成总承包、专业分包、劳务分包三级分工模式。项目部可定期开展经常性施工事故实例讲解，消除安全技术管理人员或班组长“成功经验”的误导；加强对安全储备必要性的充分认识，使“要求人人安全”转变为“人人要求安全”的自觉行为。

截至2023年我国建筑施工安全生产形势依然严峻，其原因是多方面的。既与我国的经济、文化发展水平有关，也与安全管理法规、标准不健全，安全监督体制、安全信息建设体系不完善有关。同时，施工企业的安全管理和技术水平较低；对安全生产重要性认识不足，安全管理投入的人力、物力太少；人员素质较低，安全保护意识差；施工安全管理不规范、不严格。而工程建设的新材料、新工艺、新技术，使得施工难度不断加大，也在一定程度上制约了建筑施工安全管理的提高。针对我国建筑施工安全生产的特点，要从整顿建筑市场、落实安全生产责任制、强化监理职责、加强行政监督、加强企业安全文化建设来提高职工安全意识。

第二节　建筑工程安全生产管理制度

一、安全生产管理制度概述

从我国的建筑法规和安全生产法规来看，工程项目的安全是指工程建筑本身的质量安全，即质量是否达到了合同、法规的要求，勘察、设计、施工是否符合工程建设强制性标准，能否在设计规定的年限内安全使用。实际上，施工阶段的安全问题最为突出，所以，从另一方面来讲，工程项目安全就是指工程施工过程中人员的安全，特指合同有关各方工作人员在施工现场的生命安全。建筑工程安全生产管理制度主要包括：

（1）建设工程安全生产责任制度和群防群治制度。

（2）建设工程安全生产许可制度。

（3）建设工程安全生产教育培训制度。

（4）建设工程安全生产检查制度。

（5）建设工程安全生产意外伤亡保险制度。

（6）建设工程安全伤亡事故报告制度。

（7）建设工程安全责任追究制度。

二、建筑施工企业安全生产许可证制度

为了严格规范安全生产条件，进一步加强对建筑施工企业安全生产监督管理，防止和减少生产安全事故，根据《安全生产许可证条例》《建设工程安全生产管理条例》《中华人民共和国安全生产法》等有关法律、行政法规，制定建筑施工企业安全生产许可证制度。《建筑施工企业安全生产许可证管理规定》（以下简称《规定》）于 2004 年 6 月 29 日由建设部（2008 年改为住房和城乡建设部）第 37 次部常务会议讨论通过，2004 年 7 月 5 日由建设部令第 128 号发布，自公布之日起施行。

（一）建筑施工企业安全生产许可证的适用对象

在中华人民共和国境内从事土木工程、建筑工程、线路管道和设备安装工程及装修工程的新建、扩建、改建和拆除等有关活动，依法取得工商行政管理部门颁发的“企业法人营业执照”，符合《规定》要求的安全生产条件的建筑施工企业都必须按程序取得建筑施工企业安全生产许可证。

（二）建筑施工企业取得安全生产许可证，应当具备安全生产条件

（1）建立健全安全生产责任制，制定完备的安全生产规章制度和操作规程。

（2）保证本单位安全生产条件所需资金的投入。

（3）设置安全生产管理机构，按照国家有关规定配备专职安全生产管理人员。

（4）主要负责人、项目负责人、专职安全生产管理人员经建设主管部门或者其他有关部门考核合格。

（5）特种作业人员经有关业务主管部门考核合格，取得特种作业操作资格证书。

（6）管理人员和作业人员每年至少进行一次安全生产教育培训并考核合格。

（7）建筑施工企业依法参加工伤保险，依法为施工现场从事危险作业的人员办理意外伤害保险，为从业人员缴纳保险费。

（8）施工现场的办公、生活区及作业场所和安全防护用具、机械设备、施工机具及附件符合有关安全生产法律、法规、标准和规程的要求，有生产安全事故应急救援预案、应急救援组织或应急救援人员，配备必要的应急救援器材、设备。

（9）有职业危害防治措施，并为作业人员配备符合国家标准或者行业标准的安全防护用具和安全防护服装，有对危险性较大的分部分项工程及施工现场易发生重大事故的部位、环节的预防、监控措施和应急预案。

（10）法律、法规规定的其他条件。

（三）安全生产许可证的申请与颁发

建筑施工企业从事建筑施工活动前，应当依照规定向省级以上建设主管部门申请领取安全生产许可证。中央管理的建筑施工企业（集团公司、总公司）应当向国务院建设主管部门申请领取安全生产许可证。上述规定以外的其他建筑施工企业，包括中央管理的建筑施工企业（集团公司、总公司）下属的建筑施工企业，应当向企业注册所在地的省、自治区、直辖市人民政府建设主管部门申请领取安全生产许可证。建筑施工企业申请安全生产许可证时，应当向建设主管部门提供下列材料：

（1）建筑施工企业安全生产许可证申请表。

（2）企业法人营业执照。

（3）前面规定的相关文件、材料。

建筑施工企业申请安全生产许可证时，应当对申请材料实质内容的真实性负责，不得隐瞒有关情况或者提供虚假材料。

建设主管部门应当自受理建筑施工企业的申请之日起15日内审查完毕；经审查符合安全生产条件的，颁发安全生产许可证；不符合安全生产条件的，不予颁发安全生产许可证，书面通知企业并说明理由。企业自接到通知之日起应当进行整改，整改合格后方可再次提出申请。建设主管部门审查建筑施工企业安全生产许可证申请，涉及铁路、交通、水利等有关专业工作时，可以征求铁路、交通、水利等有关部门的意见。

三、建筑工程安全生产教育培训制度

施工企业职工必须定期接受安全培训教育，坚持先培训后上岗的制度。职工每年必须接受一次专门的安全培训。安全教育与培训的实施主要分为内部培训和外部培训。内部培训是指公司的有关专业人员或公司聘请的专业人士对职工的一种培训；外部培训是指公司劳动人事部委托培训单位对部分职工进行培训，从而取得上岗证或是进行继续教育，提高业务水平。

（一）安全教育对象

安全教育培训对象可分为以下四类。

1. 单位主要负责人

对于单位的主要负责人，要求他必须进行安全培训，掌握相关的安全技术和安全管理方面的知识，如果是特种行业安全生产的主要负责人，还必须考试合格，取得安全资格证书以后才能任职。像矿山建筑施工企业、危险化学品生产企业，对主要人员都有持证的要求，矿长要有安全资格证书才能上岗。

2. 安全管理人员

安全管理人员的安全教育培训要求和单位主要负责人的要求是一样的，

只不过培训侧重点有所不同，同样也要求应具备安全资格证书，才能够担任安全生产的管理人员。

3. 从业人员

从业人员的安全教育培训是更广泛的教育培训，实际上是全员的安全教育培训，只要是生产中涉及的人员都必须进行培训，包括上岗之前的培训、日常的教育培训。

4. 特种作业人员

特种作业人员有特殊的要求，要求必须经过培训并经考核合格后才能获得特种作业人员的操作证。

（二）安全教育与培训的时间要求

（1）公司法定代表人、项目经理每年接受安全培训的时间不得少于 30 学时。

（2）公司专职安全管理人员除取得岗位合格证书并持证上岗外，每年还必须接受安全专业技术业务培训，时间不得少于 40 学时。

（3）其他管理人员每年接受安全培训的时间不得少于 20 学时。

（4）特殊工种（包括电工、焊工、厂内机械操作工、架子工、爆破工、起重工等）在通过专业技术培训并取得岗位操作证后，每年仍须接受有针对性的安全培训，时间不得少于 20 学时。

（5）其他职工每年接受安全培训的时间，不得少于 15 学时。

（6）待岗、转岗、换岗的职工，在重新上岗前，必须接受一次安全培训，时间不得少于 20 学时。

（7）新进场的职工，必须接受公司、分公司、项目部的三级安全培训教育，方能上岗。

1）公司安全培训教育的主要内容是：国家和地方有关安全生产的方针、政策、法规、标准、规范、规程和企业的安全规章制度等，培训教育的时间不得少于 15 学时。

2）分公司安全培训教育的主要内容是：工地安全制度、施工现场环境、工程施工特点及可能存在的不安全因素等，培训教育的时间不得少于 15 学时。

3）项目部安全培训教育的主要内容是：本工程、本岗位的安全操作规程、事故案例剖析、劳动纪律和岗位讲评等，培训教育的时间不得少于 20 学时。

四、建筑工程安全生产检查制度

（一）建筑施工安全生产检查的目的

通过检查，发现施工中的不安全、不卫生问题，从而采取对策，消除不安全因素，保障安全生产；通过检查，增强领导和群众的安全意识，纠正违章指挥和违章作业，提高安全生产的自觉性和责任感；通过检查了解安全动态，分析安全生产形势，互相学习，总结经验，吸取教训，取长补短，促进安全生产工作。

（二）建筑施工安全生产检查的目标

预防伤亡事故或把事故频率降下来，把伤亡事故频率和经济损失率降到低于社会容许的范围，提高经济效益和社会效益；通过安全检查对施工中存在的不安全因素进行预测、预报和预防，从而不断改善生产条件和作业环境，达到最佳安全状态。

（三）建筑施工安全生产检查的内容

安全检查的内容应根据施工特点，制定检查项目和标准。主要查思想、制度、机械设备、安全设施、安全教育培训、操作行为、劳保用品使用、伤亡事故的处理和文明施工（防火、卫生及场容场貌）等。

（四）建筑施工安全生产检查的形式

根据检查的目的和内容，一般由部门组织、公司领导带队，会同工会、工程部共同参加。检查形式可分为经常性、定期性、专业性和季节性等多种形式。

（1）经常性安全检查。施工过程中进行经常性的预防检查，能及时发现隐患并消除隐患，保证施工正常进行。通常包括有班组进行班前、班后岗位安全检查；各级安全人员及安全值日人员日常巡回安全检查。

（2）定期性安全检查。根据安全工作需要，工程施工单位以一定频率组织安全检查，如每季度组织一次安全检查评比，工地每旬组织一次等。

（3）专业性安全检查。专业安全检查应由有关业务部门组织有关专业人员对某项专业的安全问题或在施工中存在的普遍性安全问题进行单项检查。主要应由专业技术人员、懂行的安全技术人员和有实际操作、维修能力的工人参加。

（4）季节性及节假日前后安全检查。季节性安全检查是针对气候特点（如冬季、夏季、雨季、风季等）可能给施工（生产）带来危害而组织的安全检查。节假日（特别是重大节假日，如元旦、春节、劳动节、国庆节）前后防止职工纪律松懈、思想麻痹等。

（5）施工现场还要经常进行自检、互检和交接检查。

1）自检：班组作业前后对自身所处的环境和工作程序进行安全检查，可随时消除安全隐患。

2）互检：班组之间开展的安全检查，做到互相监督，共同遵章守纪。

3）交接检查：上道工序完毕，交给下道工序使用前，应由工地负责人组织工长、安全员、班组长及其他有关人员，进行安全检查或验收，确认无误或合格后，方能交给下道工序使用。如脚手架、龙门架（井字架）等，在搭设好使用前，都要经过交接检查。

（五）建筑施工安全生产检查的检查记录及整改措施

（1）安全检查需要认真、全面地进行系统分析，用定性定量进行安全评价，检查记录是安全评价的依据，因此，需认真、详细，特别是对隐患的记录必须具体，如隐患的部位、危险程度及处理意见等。

（2）建筑施工安全生产整改措施。安全检查中查出的隐患除进行登记外，还应发出“隐患整改通知书”。对凡是有即发性事故危险的隐患，检查人员应责令停工，被检查单位必须立即整改。对于违章指挥、违章作业行为，检查人员可以当场指出，进行纠正。对查出的事故隐患应做到定人、定时、定措施进行整改，并要有复查情况记录。被检单位必须如期整改并上报检查部门，现场应有整改回执单。对重大事故隐患的整改必须如期完成，并上报公司和有关部门。

五、建筑工程安全伤亡事故报告制度

《建设工程安全生产管理条例》第五十条对建设工程生产安全事故报告制度的规定为："施工单位发生生产安全事故，应当按照国家有关伤亡事故报告和调查处理的规定，及时、如实地向负责安全生产监督管理的部门、建设行政主管部门或者其他有关部门报告：特种设备发生事故的，还应当同时向特种设备安全监督管理部门报告。接到报告的部门应当按照国家有关规定，如实上报。"本条是关于发生伤亡事故时的报告义务的规定。一旦发生安全事故，及时报告有关部门是及时组织抢救的基础，也是认真进行调查分清责任的基础。因此，施工单位在发生安全事故时，不能隐瞒事故情况。对于生产安全事故报告制度，我国《安全生产法》《建筑法》等对生产安全事故报告做了相应的规定。同时，《生产安全事故报告和调查处理条例》也对生产安全事故做了相应的规定。

《建设工程安全生产管理条例》（以下简称《条例》）还规定了实行施工总承包的施工单位发生安全事故时的报告义务主体。《条例》第二十四条规定："建设工程实行施工总承包的，由总承包单位对施工现场的安全生产负总责。"因此，一旦发生安全事故，施工总承包单位应当负起及时报告的义务。

六、建筑工程安全责任追究制度

我国的法律法规规定实行生产安全事故责任追究制度，对生产安全事故的调查处理，首先需要确认生产安全事故的责任。

（一）事故责任的种类与划分

（1）按违法行为的性质、产生危害后果的大小来划分，有行政责任、民事责任和刑事责任。

1）行政责任。行政责任是指行为人违反有关安全生产管理的法律法规规定，但尚未构成犯罪的行为所依法应当承担的法律后果。行政责任制裁的方式有行政处分和行政处罚两种。

a. 行政处分：行政处分又称纪律处分，是指行政机关、企事业单位根据行政隶属关系，依据有关行政法规或内部规章对犯有违法失职和违纪行为的下属人员给予的一种行政制裁。

b. 行政处罚：行政处罚是由特定的行政机关或法律法规授权或行政机关委托授权的管理机构对违反有关安全生产管理的法律法规或规章，但尚未构成犯罪的公民、法人或其他组织所给予的一种行政制裁。

2）民事责任。民事责任是指民事主体因违反合同或不履行其法律义务，侵害国家、集体或他人的财产、人身权利而依法应当承担的民事法律后果，即违反民事规范和不履行民事义务的法律后果。生产安全事故的民事责任属于侵权民事责任，主要是财产损失赔偿责任和人身伤害民事责任。

3）刑事责任。刑事责任是违反刑事法律规定已构成犯罪所依法应当承担的法律后果。

（2）按事故发生的因果关系来划分，有直接责任和间接责任。

1）直接责任：直接责任是指行为人的行为与事故有着直接的因果关系。一般根据事故发生的直接原因确定直接责任者。

2）间接责任：间接责任是指行为人的行为与事故有着间接的因果关系。一般根据事故发生的间接原因确定间接责任者。

（3）按事故责任人的过错严重程度来划分，有主要责任与次要（重要）责任，全部责任与同等责任。

1）主要责任：主要责任是指行为人的行为导致事故的直接发生，对事故的发生起主要作用。一般由肇事者或有关人员负主要责任。

2）次要（重要）责任：次要（重要）责任是指行为人的行为不一定导致事故的发生，但由于不履行或不正确履行其职责，对事故的发生起重要作用或间接作用。

3）全部责任：全部责任是指行为人的行为导致事故的直接发生，与其他行为人的行为无关。

4）同等责任：同等责任是指两个或两个以上行为人的行为共同导致事故的发生，对事故的发生起同等的作用，承担相同的责任。

（4）按领导的隶属关系或管理与被管理的关系来划分，有直接领导责任与领导责任。

1）直接领导责任：直接领导责任是指事故行为人的直接领导者对事故的发生应当承担的责任。

2）领导责任：领导责任是指除事故行为人的直接领导者之外的有层级管理关系的其他领导者对事故的发生应当承担的责任。

（5）按建设工程的安全责任主体来划分，有建设单位、勘察单位、设计单位、监理单位、施工单位以及为建设工程提供机械设备和配件的单位、安拆起重机械或整体脚手架等有关服务单位的安全责任。

（二）事故责任的认定

根据现行的法律法规规定，对建设工程安全事故责任的认定，具体如下。

1. 建设工程各责任主体之间的事故责任认定

（1）建设单位承担事故责任的认定。建设单位有下列情形之一的，负相应管理责任。

1）工程没有领取施工许可证擅自施工；

2）建设单位违章指挥；

3）提出压缩合同工期等不符合建设工程安全生产法律法规和强制性标准要求；

4）将工程发包给不具备相应资质等级或无安全生产许可证的单位施工；

5）将工程勘察、设计业务发包给不具备相应资质等级的勘察、设计单位；

6）施工前未按要求向承包方提供与工程施工作业有关的资料，致使承包方未采取相应安全技术措施；

7）建设单位直接发包的施工单位与同一施工现场其他施工单位进行交叉

作业或建设单位直接将分包工程发包给分包施工单位（总承包方又不收取管理费用）发生生产安全事故。

（2）勘察单位承担事故责任的认定。勘察单位有下列情形之一的，负相应勘察责任或主要责任。

1）在勘察作业时，未采取相应安全技术措施，致使各类管线、设备和周边建筑物或构筑物破坏或坍塌；

2）未按工程建设强制性标准进行勘察，提供的勘察文件不实或严重错误，导致发生生产安全事故。

（3）设计单位承担事故责任的认定。设计单位有下列情形之一的，负相应设计责任或连带责任：

1）未根据勘察文件或未按工程建设强制性标准进行设计，提供的设计文件不实或严重错误导致发生生产安全事故；

2）对涉及施工的重点部位、环节，在提供的设计文件中未注明预防生产安全事故措施意见；

3）指定的建筑材料、构配件是发生生产安全事故的因素。

（4）监理单位承担事故责任的认定。监理单位有下列情形之一的，负相应监理责任或连带责任。

1）未对安全技术措施或专项施工方案进行审查签字；

2）未对施工企业的安全生产许可证和项目经理、技术负责人等资格进行审查；

3）发现安全隐患未及时要求施工企业整改或暂停施工；

4）施工企业对安全隐患拒不整改或不停止施工时，未及时向有关管理部门报告；

5）未依照法律法规和工程建设强制性标准实施监理。

（5）施工单位承担事故责任的认定。

1）总承包与分包施工单位间的事故责任。按下列不同情形认定：

a. 总承包方向分包方收取管理费用，分包方发生安全事故的，总承包方负连带管理责任，分包方负主要责任；

b. 总承包方违法分包或转包给不具备相应资质等级或无安全生产许可证的单位施工发生安全事故的，总承包方负主要责任；

c. 总承包方在施工前未按要求向分包方提供与工程施工作业有关的资料，致使分包方未采取相应安全技术措施发生安全事故的，总承包方负主要责任；

d. 总承包方与分包方在同一施工现场发生塔式起重机碰撞的，总承包方负主要责任，但由于违章指挥、违章作业发生塔式起重机碰撞的，由违章指挥、违章作业人员所在单位负主要责任；

e. 作业人员任意拆改安全防护设施发生安全事故的，由拆改人员所在单位负主要责任；

f. 由于前期施工质量缺陷或隐患发生安全事故的，由前期施工的单位负主要责任。

2）非总包与分包关系，在同一施工区域的两个施工单位间的事故责任。按下列不同情形认定：

a. 双方未履行职责有过错的，由双方共同承担事故责任；

b. 由于安全管理责任不落实或安全技术措施不当发生安全事故的，由肇事单位负全部责任或主要责任；

c. 发生塔式起重机碰撞的，由后安装塔式起重机的单位负主要责任。

2. 安全责任人的直接责任或主要责任的认定

有下列情形之一的，负直接责任或主要责任：

（1）违章指挥、违章冒险作业造成安全事故；

（2）忽视安全、忽视警告，操作错误造成安全事故；

（3）不进行安全技术交底。

（三）事故责任的追究

1. 追究的原则

（1）因果原则。有因果关系的才认定与追究，无因果关系的不认定与追究。

（2）法定原则。法无明文规定不处罚、不定罪。

（3）公开、公正原则。执法的依据、程序事先公开公布，责任与违法行为相衡相当。

（4）及时原则。追究应在法定的时效内进行。

2. 建设工程事故责任追究的依据

现行的法律法规主要有：《行政监察法》《公务员法》《国务院关于特大安全事故行政责任追究的规定》《建筑法》《安全生产法》《建设工程安全生产管理条例》《特种设备安全监察条例》《建设工程勘察设计管理条例》《安全生产许可证条例》《建设工程质量管理条例》《生产安全事故报告和调查处理条例》《中华人民共和国民法通则》《民事诉讼法》和《中华人民共和国刑法》等。对事故责任的追究，要从其规定。

第三节　建筑施工现场料具安全管理

一、建筑施工现场料具安全管理概述

建筑施工现场料具安全管理是建筑企业进行正常施工，加速流动资金周转，减少资金占用，提高劳动生产率，提高企业经济效益的重要保证。其主要包括以下几个方面的内容。

（一）编制合理的料具使用管理计划

计划是优化资源配置、组合及管理的重要手段，项目管理人员应制订合理的资源管理计划，对资源的投入量、投入时间、投入步骤及其采购、保管、发放作出合理的安排，以满足企业生产实施的需要。

（二）抓好料具的采购、租赁、保管制度

对工程必需的材料应根据材料采购供应计划进行采购；对一些施工机具可购买，也可向租赁公司租赁。从料具的来源到投入施工项目，项目管理人员

应制定相应的制度，以督促工程料具管理计划的落实。

（三）抓好料具的运输、保管及使用管理

根据每种材料的特性及机械性能，制定出科学的、符合客观规律的措施，进行动态配置和组合，协调投入、合理使用，以尽可能少的资源满足项目的使用。

（四）进行经济核算

在保证材料性能及机具使用功能的同时，料具管理的一项重要内容是进行料具投入、使用和产出的核算，发现偏差要及时纠正并不断改进，以实现节约资源、降低产品成本、提高经济效益的目的。

（五）做好管理效果的分析、总结工作

通过对建筑材料、施工机具的管理，从中找出经验和存在的问题，并对其进行分析和总结，以便以后的管理活动，为进一步提高管理工作效率打下坚实的基础。

二、施工现场料具运输、堆放、保管、租赁与使用

（一）材料的运输

1. 材料运输的原则

材料运输管理是对材料运输过程，运用计划、组织、指挥和调节职能进行管理，材料运输应遵循“及时、准确、安全、经济”的原则，具体规定如下。

（1）及时：是指用最少的时间，把材料从产地运到施工、用料地点，及时供应使用。

（2）准确：是指材料在整个运输过程中，防止发生各种差错事故，做到不错、不乱、不差，准确无误地完成运输任务。

（3）安全：是指材料在运输过程中保证质量完好、数量无缺，不发生受潮、变质、残损、丢失、爆炸和燃烧事故，保证人员、材料、车辆等安全。

（4）经济：是指经济合理地选用运输路线和运输工具，充分利用运输设备，降低运输费用。

“及时、准确、安全、经济”四项原则是互相关联、辩证统一的关系，在组织材料运输时应全面考虑，不要顾此失彼。

2. 材料运输机具的选择

根据建筑材料的性质，材料运输可分为普通材料运输和特种材料运输两种。

（1）普通材料运输。普通材料运输是指不需要采用特殊运输工具装运就可运输的一般材料，如砂、石、砖、瓦等，均可采用铁路的敞车、普通货船及一般载货汽车运输。铁路的运输能力大、运行速度快，一般不受气候、季节的影响，连续性强，管理高度集中，运行比较安全准确，适宜大宗材料的长距离运输。公路运输基本上是地区性运输。地区公路运输网和铁路、水路干线及其他运输方式相配合，构成全国性的运输体系，担负着极其广泛的中、短途运输任务。由于运费较高，不宜长距离运输。

（2）特种材料运输。特种材料主要是指超限材料和危险品材料。超限材料即超过运输部门规定标准尺寸和标准重量的材料；危险品材料是指具有自燃、腐蚀、有毒、易燃、爆炸和放射特性，在运输过程中会造成人身伤亡及人身财产损毁的材料。特种材料的运输必须按交通运输部门颁发的超长、超限、超重材料运输规则和危险品材料运输规则办理，用特殊结构的运输工具或采取特殊措施进行运输。

3. 材料进场质量验收

（1）材料进场验收主要是检验进场材料的品种、规格、数量和质量。

材料进场后，材料管理人员应按以下步骤进行验收：

1）检查送料单，查看是否有误送。

2）核对实物的品种、规格、数量和质量是否和凭证一致。

3）检查原始凭证是否齐全、正确。

4）做好原始记录，逐项详细填写收料日记，其中验收情况登记栏，必须将验收过程中发现的问题填写清楚。

（2）水泥进场质量验收时，应以出厂质量保证书为凭，查验单据上水泥品种、强度等级与水泥袋上印的标志是否一致，不一致的应分开码放，待进一步查清；检查水泥出厂日期是否超过规定时间，超过的要另行处理；遇有两个单位同时到货的，应详细验收，分别码放，防止品种不同而混杂使用。

（3）砂、石料进场质量验收时，一般应先进行目测，其质量检验要求如下：

砂：颗粒坚硬洁净，一般要求中粗砂，除特殊需用外，一般不用细砂。黏土、泥灰、粉末等不超过3%~5%。

石：颗粒级配应合理，粒形以近似立方块的为好。针片状颗粒不得超过25%，在强度等级大于C30的混凝土中，不得超过15%。注意鉴别有无风化石、石灰石混入。含泥量一般混凝土不得超过2%；大于C30的混凝土中，不得超过1%。

砂石含泥量的外观检查，如砂子颜色灰黑，手感发黏，抓一把能粘成团，手放开后，砂团散开，发现有粘连小块，用手指捻开小块，手指上留有明显泥污的，表示含泥量过高。石子的含泥量，用手握石子摩擦后无尘土粘于手上，表示合格。

（4）砖进场质量验收时，其抗压、抗折、抗冻等数据，一般以产品质量保证书为凭证。现场砖的外观颜色：未烧透或烧过火的砖，即色淡和色黑的红砖不能使用。外形规格：按砖的等级要求进行验收。

（5）木材的质量验收包括材种验收和等级验收。木材的品种很多，首先要辨认材种及规格是否符合要求。对照木材质量标准，查验其腐朽、弯曲、钝棱、裂纹以及斜纹等缺陷是否与标准规定的等级相符。

（6）钢材质量验收分外观质量验收和化学成分、力学性能的验收。外观质量验收中，由现场材料验收人员，通过眼看、手摸，或使用简单工具，如钢刷、木棍等，检查钢材表面是否有缺陷。钢材的化学成分、力学性能均应经有关部门复验，与国家标准对照后，判定其是否合格。

（二）材料堆放与保管

（1）材料进场前，应检查现场施工便道有无障碍及是否平整通畅，车辆进出、转弯、调头是否方便，还应适当考虑回车道，以保证材料能顺利进场。

（2）按照施工组织设计的场地平面布置图的要求，选择好堆料场地，要求平整、没有积水。准备好装卸设备、计量设备、遮盖设备等；必须进现场临时仓库的材料，按照“轻物上架，重物近门，取用方便”的原则，准备好库位；防潮、防霉材料要事先铺好垫板；易燃、易爆材料，一定要准备好危险品仓库；夜间进料，要准备好照明设备，在道路两侧及堆料场地，都有足够的亮度，以保证安全生产。

（3）水泥应入库保管，仓库地坪要高出室外地面20~30cm，四周墙面要有防潮措施，码垛时一般码放10袋，最高不得超过15袋；散装水泥要有固定的容器。不同品种、强度等级和日期的，要分开码放，挂牌标明。特殊情况下，水泥需在露天临时存放的，必须有足够的遮垫措施，做到防水、防雨、防潮。

（4）水泥库房要经常保持清洁，落地灰要及时清理、收集、灌装，并应另行收存使用。根据使用情况安排好进料和发料的衔接，严格遵守先进先发的原则，防止出现长时间不动的死角。水泥的储存时间不能太长，出厂后超过3个月的水泥，要及时抽样检查，经化验后按重新确定的强度使用。如有硬化的水泥，经处理后降级使用。水泥应避免与石灰、石膏以及其他易于飞扬的粒状材料同存，以防混杂，影响质量。包装如有损坏应及时更换，以免散失。

（5）砂、石料材料一般应集中堆放在混凝土搅拌机和砂浆机旁，不宜放置过远。堆放要成方、成堆，避免成片。平时要经常清理，并督促班组清底使用。

（6）按施工现场平面布置图，砖应码放在垂直运输设备附近，以便于起吊。不同品种规格的砖，应分开码放，基础墙、底层墙的砖可沿墙周围码放。使用中要注意清底，用一垛清一垛，断砖要充分利用。

（7）木材应按材种规格等级不同分开码放，要便于抽取和保持通风。板材、方材的垛顶部要遮盖，以防日晒雨淋。经过烘干处理的木材，应放进仓库。木材存料场地要高、通风要好，应随时清除腐木、杂草和污物，必要时用5%的漂白粉溶液喷洒。

（8）钢材在保管中必须分清品种、规格、材质，不能混淆。保持场地干燥，地面不得有积水，清除污物。钢材中优质钢材，小规格钢材，如镀锌板、镀锌管、薄壁电线管等，最好入库入棚保管，若条件不允许，只能露天存放时，应做好苫垫。

（9）成品、半成品主要是指工程使用的混凝土制品以及成型的钢筋等，其堆放与保管要求如下：

1）混凝土构件一般在工厂生产，再运到现场安装。由于其具有笨重、量大和规格型号多的特点，一般按工程进度进场并验收。构件应分层分段配套码放，且应码放在吊车的悬臂回转半径范围以内。构件存放场地要平整，垫木规格一致且位置上、下对齐，保持平整和受力均匀。

2）成型钢筋，是指由工厂加工成型后运到现场绑扎的钢筋。钢筋的存放场地要平整、没有积水，规格码放整齐，用垫木垫起，防止浸水锈蚀。

（10）现场材料的包装容器一般都有利用价值，如纸袋、麻袋、布袋、木箱、铁桶等，现场必须建立回收制度，保证包装品的成套、完整，提高回收率和完好率。对拆开包装的方法要有明确的规章制度，如铁桶不开大口、盖子不离箱、线封的袋子要拆线、粘口的袋子要用刀割等。

（三）料具使用管理

1. 料具的发放

（1）建立料具领发台账，严格限额领发料具制度。收、发料具要及时入账上卡，手续齐全。

（2）坚持余料入库的原则，详细记录料具领发状况和节超情况。

（3）建筑施工设施所需料具应以设施用料计划进行控制，并实行限额发料，严禁超支。

（4）作业人员超限额用料时，必须事先办理相关手续，填写限额领料单，注明超耗原因。经批准后，方可领发料具。

2. 料具的使用

（1）材料使用过程中，必须按分部工程或按层数分阶段进行材料使用分析和核算，以便及时发现问题，防止材料超用。

（2）材料管理人员可根据现场条件，要求将混凝土、钢筋、木材、石灰、玻璃、油漆、砂、石等的具体使用情况不同程度地集中加工处理，以扩大成品供应。

（3）现场材料管理人员应对现场材料使用状况进行监督和检查。其检查内容如下：

1）现场材料是否按施工现场平面图堆放料具，并按要求设置防护措施。

2）核查材料使用台账，检查材料使用人员是否认真执行材料领发手续。

3）施工现场是否严格执行材料配合比，合理用料。

4）施工技术人员是否按规定进行用料交底和工序交接。

5）根据“谁做谁清，随做随清，操作环境清，工完场地清”的原则，检查现场做工状况。

（4）将检查情况如实记录，要求责任明确，原因分析清楚，如有问题须及时处理。

（四）料具的租赁

料具租赁是指在一定期限内，料具产权所有人向租赁方提供符合使用性能和规格的材料和机具，出让其使用权，但不改变所有权，双方各自承担一定义务并享有相关权利的一种经济关系。

（1）项目确定需要租赁的料具后，应根据料具使用方案制订需求计划，并由专人向租赁部门签订租赁合同，并做好周转料具进入施工现场的各项准备工作，如存放及拼装场地等。

（2）周转料具租赁后，应分类摆放整齐。对需入库保管的周转料具，应分别建档，并保存账册、报表等原始记录，同时，应防火、防盗、防止霉烂变质等现象发生。

（3）料具保管场所应场容整洁，对各次使用的钢管、钢模板等应派专人定期进行修整、涂漆等保养工作。

（4）在使用期间，周转料具不得随意被切割、开洞焊接或改制。对钢管、钢模板等料具，不能从高空抛下或挪作他用。

（5）在周转料具租赁期间，对不同的损坏情况应作出相应的赔偿规定，对严重变形的料具应做报废处理。

（6）进出场（库）的钢管、木材、机具等均应有租方与被租方双方专人收发，并做好记录，其内包括料具的型号、数量、进（出）场（库）日期等。周转料具一经收发完毕，双方人员应签字办理交（退）款手续。

三、施工机械的使用管理

（一）施工机械的使用与监督

1.“三定”制度的形式

“三定”制度是指在机械设备使用中定人、定机、定岗位责任的制度，也就是把机械设备使用、维护、保养等各环节的要求都落实到具体的人身上。主要内容包括坚持人机固定的原则、实行机长负责制和贯彻岗位责任制。

人机固定就是把每台机械设备和它的操作者相对固定下来，无特殊情况不得随意变动。根据机械类型的不同，定人、定机有下列三种形式：

（1）单人操作的机械，实行专机专责制，其操作人员承担机长职责。

（2）多班作业或多人操作的机械，均应组成机组，实行机组负责制，其机组长即为机长。

（3）班组共同使用的机械以及一些不宜固定操作人员的设备，应指定专人或小组负责保管和保养，限定具有操作资格的人员进行操作，实行班组长领导下的分工负责制。

2. 施工机械凭证操作

（1）为了加强对施工机械使用和操作人员的管理，更好地贯彻“三定”责任制，保障机械合理使用，施工机械操作人员均须参加该机种技术考核，考核合格且取得操作证后，方可上机独立操作。

（2）凡符合下列条件的人员，经培训考试合格，取得合格证后方可独立操作机械设备：

1）年满十八周岁，具有初中以上文化程度。

2）身体健康，听力、视力、血压正常，适合高空作业和无影响机械操作的疾病。

3）经过一定时间的专业学习和专业实践，懂得机械性能、安全操作规程、保养规程和有一定的实际操作技能。

（3）技术考核方法主要是现场实际操作，同时进行基础理论考核。考核内容主要是熟悉本机种操作技术，懂得本机种的技术性能、构造、工作原理和操作、保养规程，以及进行低级保养和故障排除。

（4）凡是操作下列施工机械的人员，都必须持有关部门颁发的操作证：起重工（包括塔式起重机、汽车起重机、龙门吊、桥吊等的驾驶员和指挥人员）、外用施工电梯、混凝土搅拌机、混凝土泵车、混凝土搅拌站、混凝土输送泵、电焊机、电工等作业人员及其他专人操作的专用施工机械。

（5）机械操作人员应随身携带操作证以备随时检查，如出现违反操作规程而造成事故，除按情节进行处理外，还应对其操作证暂时收回或撤销。

（6）凡属国家规定的交通、劳动及其主管部门负责考核发证的驾驶证、起重工证、电焊工证、电工证等，一律由主管部门按规定办理，公司不再另发操作证。

（7）操作证每年组织一次审验，审验内容是操作人员的健康状况和奖惩、事故等记录，审验结果填入操作证有关记事栏。未经审验或审验不合格者，不得继续操作机械。

（8）严禁无证操作机械，更不能违章操作，如领导命其操作而造成事故，应由领导负全部责任。学员或学习人员必须在有操作证的指导师傅在场指挥下，方能操作机械设备，指导师傅应对实习人员的操作负责。

3. 施工机械监督检查

（1）公司设备处或质安处应每两月进行一次综合考评，以检查机械管理制度和各项技术规定的贯彻执行情况，保证机械设备的正确使用与安全运行。

（2）积极宣传有关机械设备管理的规章制度、标准、规范，并监督其在各项目施工中的贯彻执行。

（二）机械维护与保养

在编制施工生产计划时，要按规定安排机械保养时间，保证机械按时保养。机械使用中发生故障，要及时排除，严禁带病运行和只使用不保养的做法。

（1）汽车和以汽车底盘为底车的建筑机械，在走合期内公路行驶速度不得超过 30 km/h，工地行驶速度不得超过 20 km/h，载质量应减载 20%~25%，同时在行驶中应避免突然加速。

（2）电动机械在走合期内应减载 15%~20% 运行，齿轮箱也应采取黏度较低的润滑油，走合期满应检查润滑油状况，必要时更换，如装配新齿轮或更换全部润滑油。

（3）机械上原定不得拆卸的部位走合期内不应拆卸，机械走合时应有明显标志。

（4）入冬前应对操作使用人员进行冬期施工安全教育和冬期操作技术教育，并做好防寒检查工作。

（5）对冬期使用的机械要做好换季保养工作，换用适合本地使用的燃油、润滑油和液压油等油料，安装保暖装备。凡带水工作的机械、车辆，停用后将水放尽。

（6）机械启动时，先低速运转，待仪表显示正常后再提高转速和负荷工作。内燃发动机应有预热程序。

（7）机械的各种防冻和保温措施不得遗漏。冷却系统、润滑系统、液压传动系统及燃料和蓄电池，均应按各种机械的冬期使用要求进行使用和养护。机械设备应按冬期启动、运转、停机清理等规程进行操作。

第四节　文明施工与环境保护

一、施工现场文明施工的要求

（1）施工现场必须设置明显的标牌，标明工程项目名称、建设单位、设计单位、施工单位、项目经理和施工现场总代表人的姓名、开竣工日期、施工许可证批准文号等。施工单位负责施工现场标牌的保护工作。

（2）施工现场的管理人员在施工现场应当佩戴证明其身份的证、卡。

（3）应当按照施工总平面布置图设置各项临时设施。现场堆放的大宗材料、成品、半成品和机具设备不得侵占场内道路及安全防护等设施。

（4）施工现场的用电线路、用电设施的安装和使用必须符合安装规范和安全操作规程，并按照施工组织设计进行架设，严禁任意拉线接电。施工现场必须设有保证施工安全要求的夜间照明；危险潮湿场所的照明以及手持照明灯具，必须采用符合安全要求的电压。

（5）施工机械应当按照施工总平面布置图规定的位置和线路设置，不得任意侵占场内道路。施工机械进场须经过安全检查，经检查合格方能使用。施工机械操作人员必须建立机组责任制，并依照有关规定持证上岗，禁止无证人员操作。

（6）应保证施工现场道路畅通，排水系统处于良好的使用状态；保持场容场貌的整洁，随时清理建筑垃圾。在车辆、行人通行的地方施工，应当设置施工标志，并对沟井坎穴进行覆盖。

（7）施工现场的各种安全设施和劳动保护器具，必须定期进行检查和维护，及时消除隐患，保证其安全有效。

（8）施工现场应当设置各类必要的职工生活设施，并符合卫生、通风、照明等要求。职工的膳食、饮水供应等应当符合卫生要求。

（9）应当做好施工现场安全保卫工作，采取必要的防盗措施，在现场周边设立围护设施。

（10）在施工现场建立和执行防火管理制度，设置符合消防要求的消防设施，并保持完好的备用状态。在容易发生火灾的地区施工，或者储存、使用易燃易爆器材时，应当采取特殊的消防安全措施。

二、施工现场环境保护的要求

（1）施工单位应加强管理，最大限度地节约水、电、汽、油等能源消耗，杜绝浪费能源的事件发生，应尽量使用新型环保建材，保护环境。

（2）施工单位在施工中要保护好道路、管线等公共设施，建筑垃圾由施工单位负责收集后统一处理。

（3）施工单位应采取措施控制生活污水和施工废水的排放，不能任意排放而造成水污染，一般应先行修建好排水管道，落实好排放口后才能开始施工。

（4）施工单位在运输建材进场时，应在始发地做好建材的包装工作，禁止建材在运输过程中产生粉尘污染。在施工工地必须做好灰尘防治工作，在工地出入口处应铺设硬质地面，并设置专门设施进行洒水固尘，并冲洗进、出车辆。

（5）施工单位应积极采用新技术、新型机械，同时采用隔声、吸声、消声等方法，以减少施工过程中产生的噪声，达到环保要求。施工单位要求在夜间进行施工的，严禁使用打桩机。

三、施工现场职业健康安全卫生的要求

《安全生产法》规定，生产经营单位应具备国家规定的安全卫生条件。生产场所的安全卫生有具体的要求，主要包括以下几个方面。

（1）厂房或建筑物（包括永久性和临时性的）均必须安全稳固，各种厂房建筑物之间的间距和方位应该符合防火、防爆等有关安全卫生规定。

（2）生产场所应布局合理，保证安全作业的地面和空间，按有关规定设置安全人行通道和车辆通道。

（3）在室内的生产场所应设安全门，并有两个安全出口，在楼上作业或需登高作业的场所还应该设置安全梯。

（4）生产场所根据不同季节和天气，分别设置防暑降温、防冻保温、防雨雪、防雷击的设施。

（5）生产场所及出入口通道、楼梯、安全门、安全梯等均应有足够的采光和照明设施，易燃易爆的生产场所还必须符合防爆的要求。

（6）有职业危害的生产场所，应根据危害的性质和程度，设置可靠的防护设施、监护报警装置、醒目的安全标志以及在紧急情况下进行抢救和安全疏散的设施。

第六章　绿色施工管理及其模式优化研究

第一节　绿色施工及绿色施工项目管理概述

一、绿色施工的概述

（一）绿色施工概念

部分学者对绿色施工的概念理解与绿色施工的导则和指南类书籍都将着重点放在“绿色”上，强调环境保护的重要性，因此在施工过程中，过度强调以“环境和资源保护”为主要目标，势必使需要控制的因素增多，一旦考虑不周，将导致施工成本的增加。而在其他国家，经过长期的实践与完善，绿色施工不仅减少了环境污染、节约能源，更是降低了建设成本。据统计，全球耗能、污染最大的是建筑业，其中最突出的过程是建造过程和使用过程，约耗能 50%。在施工过程中给环境带来的污染等约占总污染的 34%，这就使建筑行业在施工过程中推广和应用绿色施工显得十分必要。不良的施工过程不仅使施工人员身体健康受到损害，还让周围居民以及日后的使用者经受持续伤害。综上所述，绿色施工应向着“环境、经济、社会”全方面发展并进行不断完善，将单纯的保护环境思想发展为全面推动社会可持续发展。

根据绿色施工的要求，从以下三个方面来诠释绿色施工的含义：

（1）可持续发展是绿色施工的重点理念。地球资源不是无穷无尽的，人类社会发展过程中，随着资源的耗费，自然资源越来越少，总有一天会枯竭。在拥有自然资源的时期，我们应该减少浪费，同时开发新的能源，如风能、太阳能等。绿色施工将可持续发展作为主要的指导思想，是人们重视环境保护和实现人与自然和谐相处的重要体现。

（2）“四节一环保”是绿色施工的基础模式。单纯追求经济效益最大化的时代已经过去，“绿水青山就是金山银山”。绿色施工不仅追求效益最大化，更多的是将资源合理利用，将浪费减到最低，改善目前经济社会与环境间的矛盾问题，促进经济、社会和环境的统一发展。

（3）将施工管理进行升华并合理应用。与传统的施工过程管理相比，绿色施工管理不仅单纯追求施工质量、确保工程进度、保证施工安全，更加注重减少对环境的污染和资源的浪费，把实现“四节一环保”贯穿管理的始终。

（二）绿色施工的内容

绿色施工的内容可以从节材、节地、节能、节水、环保和管理方面出发，进行细化分析。

（1）节约材料和充分利用材料。遵循不可再生能源合理利用、可再生能源循环利用的思想。在施工过程中，坚持使用无公害、无污染、绿色环保、可再生、可循环的材料进行施工。对材料的管理从采购开始，严格把控采购材料的质量和数量，争取做到不积压库存。材料入库过程中，加强管理，确保一次到位，减少损失。采用高效的管理模式进行管理，合理安排脚手架和模板等重复利用周转次数。优先使用工程预制加工的混凝土商品、墙构件等，可减少现场作业和各种污染。

（2）节约用地与施工现场保护。绿色施工过程中采取节地措施是为了解决我国土地资源短缺的前提。为了实现节约用地，要求在施工过程中对临时用地和施工用地等进行保护。首先，根据施工规模，对摆放的设施、作业场地、材料堆放等合理用地是场地规划首要考虑的因素。其次，对临时用地进行保护，不仅要减小土地的破坏程度、保护周围自然环境，还要减少土方的开挖。最后，对临时住房的选择可以参考已有建筑，如周围废弃的仓库或对地貌破坏较小的轻钢板房。对于施工道路的选取，可多选用已建成的永久道路。对于无法协调的道路可选择临时道路，争取最少占用土地、破坏地貌。

（3）节能与清洁能源利用。节约能源就要建立耗能设备的使用规定，对设备进行及时维护管理，以保持设备处于高效低耗状态。不仅如此，应尽量使用国家认可的、标准的节能环保设施。有条件的企业可考虑利用太阳能、风能等先进设备，不仅保证节能环保，而且从长远来看也是有利无害。选取临时灯具时尽量采用节能设备，并对线路进行定期检查。

（4）节约用水与水资源的合理利用。相关数据显示，建筑成本的 0.2% 是建筑用水的费用。节约用水不仅能提高水资源的使用效率，还能提高项目的经济效益，保证非传统水源的安全使用，有利于水系统的循环使用，增加环境效益。在对施工现场和办公区规划时，水源布置要恰当；设备和车辆的冲洗用水采用循环水，并设置循环装置；生活饮用水使用节水器具；对雨水、基坑积水等进行收集，用作冲洗车辆、施工用水、降低灰尘、植物浇水灌溉等；安排专门工作人员进行用水统计与用水管理，对不合理用水现象进行改善。

（5）环境保护。施工过程对环境的影响是极大的，不管是空气污染方面的扬尘还是对周围居民的噪声污染与震动，或者光污染、水污染及土壤破坏等各个方面，都需要进行控制。为了使环境的污染程度减小，我们可以通过以下措施进行：对土方施工作业时进行洒水降尘，以防止扬尘污染；对有毒物质垃圾严禁现场焚烧，以防止有毒气体排放；对污水进行处理，争取做到水资源循环利用；照明灯选取适合的灯罩，防止光污染和光辐射；对垃圾进行分类处理。

（6）施工管理。将施工管理进行细分，可大致分为组织、规划、实施和人员安全与健康管理四个方面。首先，制订合理的绿色施工管理计划、成立相应的组织机构是施工生产前的首要任务。其次，工作人员的绿色施工意识也是非常重要的，管理人员可以利用展牌、条幅等进行绿色施工的宣传，使工作人员感受到绿色施工的氛围，并产生融入的感情。最后，要将工作人员的生活场所与工作场所分离开，避免日常生活受到工作的影响。

（三）绿色施工的特点

1. 绿色施工的系统性

绿色施工的整个操作过程涵盖着多个学科领域的知识，是具有系统性、综合性特点的过程。从知识层面来看包括了施工组织设计、施工管理、环保技术、绿色建材的研究以及项目管理等知识体系；从整个施工参与的过程来看，包括施工前设计阶段、准备阶段、施工阶段和竣工验收等多个阶段，由此来看，绿色施工是具有巨大工作量和复杂工作流程的系统性工程，是要经过不断优化的过程。

2. 绿色施工的时代性与先进性

绿色施工作为具有时代性的先进理念，为了达到高效率、低消耗的目的，会用新型的环保材料代替传统的材料。时代的发展必然会加快科技的创新，绿色施工也会体现出其更加环保的时代特性，绿色施工技术也会随着时代的发展不断更新。

3. 绿色施工的信息化

传统的施工管理无法满足绿色施工对资源的控制和管理，信息化的管理是很重要的。对信息化的要求主要包括以下几方面：①通过信息化的管理，跟踪各个阶段对材料的消耗，并与预期目标相比较，出现偏差及时调整。②施工过程中需要应用到很多设备和建筑材料，以往的施工中，选取材料和设备通常都是主观选取。通过先进的信息技术可以在选取时综合考虑设备和材料的多个指标，进行科学选择，还可进行使用后评价。③对全施工过程进行动态监管，建立绿色施工的信息系统，达到对施工过程充分掌控的目的。④信息化也就意味着施工中的任何数据信息都可以完整保存，同时也可作为绿色施工以后经验积累的重要依据。

4. 绿色施工的社会性

随着绿色施工的不断发展和完善，要求社会各方都参与到绿色施工的过程中，政府主管部门、设计单位、施工单位、监理单位以及社会大众等多个方面都对绿色施工的实施起到监督作用，同时也作为绿色施工的支持者。

5. 绿色施工追求“经济、环境以及社会效益”的最大化

一般的工程都是以最快完成工程计划和追求效益最大化为目的，因此在施工过程中通常并不考虑环境污染和资源浪费的因素。绿色施工则是将环境保护作为施工目标的一部分，从施工的各个阶段都注重环保和资源的节约，综合考虑实现工程项目在各个阶段中的综合效益，即实现“经济、环境以及社会效益”的最大化。

二、绿色施工项目管理概述

（一）项目的全生命周期

虽然项目具有唯一性，但是不同的项目具有类似的生命周期，每个项目的生命周期都要经历概念、开发、实施、结束这四个阶段。

在项目的全生命周期中，项目价值增加的机会在全生命周期的概念阶段最大，随着时间的延续在逐渐降低；信息的质量随着时间的推移在不断上升，在实施阶段上升速度最快；成本随着时间由全生命周期最开始的概念阶段到最终的结束阶段一直处于平稳增加的状态。明确各要素在项目全生命周期的每个阶段的变化有利于管理者掌握管理要点，提高项目的实施效果。

（二）项目管理的内容

从项目管理的四大阶段、五大过程组、九大知识领域介绍项目管理的内容构成。

1. 项目管理的四大阶段

（1）规划阶段

项目管理的规划阶段指的是根据具体情况识别需求，在识别需求之后动用脑力对项目进行识别和构思，这个阶段是项目从无到概念形成的过程，项目的概念形成后为了项目的顺利实施需要制定方案，这一阶段主要是智慧的投入，相对人力、物力、成本投入较少。但是规划阶段制定方案的好坏直接关系到下一阶段的顺利进行，甚至会给项目的最终成效带来巨大的影响。

（2）计划阶段

规划阶段进行过后进入项目管理的计划阶段，每个项目的进行都有多个实施方案，计划阶段需要对规划阶段制定的方案进行筛选，选择出符合项目要求的最合理的项目方案，然后最佳方案确定后需要对项目要投入的人力、物资、成本、时间进行计划安排，还要对项目在实施过程中可能出现的风险进行分析并给出相应的解决措施。计划阶段的合理安排直接关系到项目能否顺利和项目在一定的时间限制条件下能否达到预期效果，最终项目能否被接受。

（3）实施阶段

项目在经历了规划阶段和计划阶段后，开始进入实施阶段。实施阶段可以说是项目管理四个阶段中最为重要的核心阶段，这一阶段是项目从概念到实践具体实现的阶段。项目实施阶段的首要任务就是做好监管工作和控制好每个环节的实施。项目在实施的过程中，某个环节的具体操作或者某个环节的实施效果很可能跟预期计划安排的不一样，甚至出现严重的误差，为了避免这些现象的出现，在实施阶段做好监督和控制工作是极为重要的。项目实施过程中需要及时将实施效果和预期效果进行对比分析，判断项目在实施过程中是否与计划出现不一致，一旦出现不一致需要及时分析造成偏差的原因并提出相应措施加以改正。

（4）完成阶段

在经历了项目管理的以上三个阶段后，开始进入项目管理的完成阶段，这个阶段是项目管理的最后一个阶段。项目的完成阶段可能出现三种情况：第一种情况就是项目按照构想由概念的预期效果到达项目目标的具体实现，这是项目管理的最佳完成阶段；第二种情况就是项目在实施过程中由于某些主观的或者客观的原因，主动放弃项目的实施，或者项目不可能实现中途被迫放弃实施，项目因此而结束，由此进入完成阶段；第三种情况就是项目正常经历了规划阶段、计划阶段、实施阶段，但是到最后完成阶段时发现实际效果与预期计划的效果完全不一样，没有完成项目的目标。第二种情况和第三种情况都是项目的目的没有实现的失败情况。

综上所述，我们可以发现项目管理的每个阶段都在发挥着重要的作用，四个阶段是相互承接的关系，上一阶段的主要任务是对下一阶段进行的铺垫，随着上一阶段的结束开启下一阶段的进行。

2. 项目管理的五个过程组

一个项目的管理往往要经历五个过程，最开始因需要有构思想象来启动项目，然后对项目进行计划、实施安排，紧接着将设计好的项目进行实施行动，在实施行动的过程中需要进行好环节控制，如果发现项目在执行的过程中实施效果和计划的预期效果有偏差，需要及时分析造成偏差的原因，并想办法解决问题，以免造成更大的偏差而影响最终的整体效果，最后对项目成果进行验收并取得认可同时结束项目。

项目管理的五个过程组是对项目管理四大阶段的细化，这五个过程组并不是相互独立、毫无相关的，在项目管理的每个时间阶段它们都发挥着一定的作用，只是在不同时间阶段影响的程度不同。

3. 项目管理的九大知识领域

项目的整体管理是指协调好项目不同阶段任务的衔接部分，把项目不同阶段的工作任务看成一个相互关联的整体，通过协调管理达到项目的最佳状态；项目的范围管理是指明确好项目管理的范围，避免扩大范围造成各种资源的浪费，一旦管理范围没确认好导致扩大会造成时间的延误，同时确定好管理范围也可以预防出现管理漏洞；项目的时间管理是指管理好项目全生命周期的时间，用以确保在规定的时间内完成项目；项目的成本管理是指项目由概念到实现的过程需要投入各种各样的资源，如人力、物资等，所以做好项目的成本管理是非常必要的；项目的质量管理是指在满足项目要求的前提下，不仅要确保项目的顺利完成，还要确保项目的保质完成；项目的人力资源管理是指在项目实现的过程中，进行好人员的组织协调能够节省人员的投入，加快项目的实现；项目的沟通管理是指利用信息化将项目管理过程中的资料进行及时的收集整理；项目的风险管理是指项目在实现的过程中有可能会遇到各种各样的突发情况，为了确保项目顺利完成需要提前进行风险预测，依据预测风险发生的可能性提出合理的预防措施和解决办法；项目的采购管理是指项目在执行阶段需要投入大量的物资，这些物资有些是需要通过采购得到的，所以在项目管理中做好采购管理是非常关键的。

第二节 绿色施工管理概述

一、绿色施工的组织管理

建设工程项目是由设计单位、建设单位、施工单位、监理单位、供货商等众多参与方来共同完成的一项工程量巨大的项目。组织管理就是通过建立一个合理的绿色施工管理体系，各参与方在绿色施工管理体系下共同完成整体任务计划，各尽其能。

施工阶段是项目从无到项目目标得以实现的过程，绿色施工的目标是实现“四节一环保”，在进入施工阶段以前要经历工程前期、初步设计、技术设计、施工图设计这四个过程，由图 6-1 对实现绿色施工目标“四节”的影响可能度曲线图形的大致变化情况，我们不难发现做好工程前期、初步设计、技术设计、施工图设计这四个阶段的工作要比施工阶段实现“四节”的可能性更大。为了保证绿色施工的顺利实施，需要在工程前期和初步设计阶段就把“绿色理念”考虑进去，让绿色理念贯穿建设工程项目的始终，在技术设计和施工图设计阶段就要把有关采用绿色施工的技术和环节标注出来，为施工阶段实现绿色施工做好充分的前期工作。

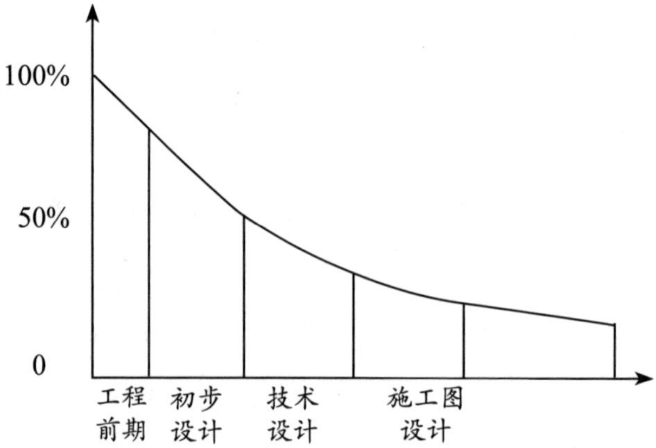

图 6-1 不同阶段对“四节”的影响可能度

二、绿色施工的规划管理

绿色施工规划管理，简言之，就是为了对施工过程进行有效的管理，对项目施工各项进行细化要求，制定具体的施工方案和总体规划，以期达到绿色施工项目的要求。

（1）编制总体管理方案。考虑项目施工单位的实际情况，将绿色施工的管理理念和方案融入实际运行中，对总体进行管理并制定绿色管理方案，不仅关系着项目的管理效果，更是项目顺利实施的保证。想要随总体进行合理的管理并制定科学的管理方案，空谈是不行的，首先要收集真实有效的关于绿色施工要求，以及建设单位提供给设计、施工单位的详细资料。在进行编制时，要明确施工项目各方面的目标要求和具体要求。其次，管理应该是系统的、动态的，而不是独立的个体，因此要将机电设备、装修、土建的各个方面结合，形成一个整体管理模式，为日后实施管理方案提供良好的、坚实的基础。最后，开工前，施工单位要充分了解项目实施的目的和目标，与设计单位进行充分沟通，同时为了保证施工单位绿色施工项目合理有效地进行，要请监理单位进行监督审查，对实际情况进行落实，履行监理的责任。

（2）编制具体施工方案。施工方案具体实施要细化到施工材料的使用、资源节约情况等，将不可量化的项目通过具体数据体现出来，并且将施工各阶段的注意事项明确罗列出来，在满足绿色施工总体管理方案的前提下，列出绿色施工管理的措施，从节水、节材等方面反映绿色管理的内容。

三、绿色施工的实施管理

绿色施工过程中关系到实际落实工作的管理就是实[illegible]理，施工方为了达到绿色施工的具体要求，就要对整个施工过程做好以[illegible]方面要求。

（一）绿色施工中对目标的控制

对绿色施工目标的控制是对整个施工的具体控制，[illegible]①应该将绿色施工目标进行合理划分，主要是根据具体施工过程的要[illegible]划分，并且在划分的同时，还要考虑不同的施工阶段，达到对施工目标控制的目的。②施工过程中也要对整个施工工作的状况进行监控和检查，由于施工时往往会遇到很多突变因素，所以在施工时，要注意对已经施工完成或者正在施工过程中的实际测量的数据和影响参数进行检测，看其是否与绿色施工计划所规定的数据一致，如果不一致要立刻分析原因，并及时采取措施纠正偏差。③加强对工程材料、施工的提前准备、施工策划、施工的具体操作等各环节的有效控制，以免出现与绿色施工要求不相符的情况。④节地所要达到的绿色施工的目标非常明确，就是要比常规的施工占地面积减少 10%，尽量做到减少对农田、房屋、道路的破坏，充分利用现有的建筑资源，以达到减少用地的目的。⑤节约材料就是要减少耗材，对可重复利用的材料充分利用，达到对材料利用的最大利用率，在定额损耗率的要求上减少 30% 的对材料的消耗。⑥节水要尽量减少水资源的浪费，尤其是废水的重复利用，以及利用好基坑的排水，基坑排水的利用率最少也要达到 20%，合理安排雨水收集系统，总体的耗水量也要降低 15%。

（二）对现场施工做好管理工作

现场施工的管理工作直接影响到能否完成绿色施工计划的要求，因此，做好现场施工管理工作至关重要。绿色施工控制要点则是现场施工管理工作中最基本的要求[illegible]主要通过以下几个方面来做好对绿色施工要点的控制：① 根据实际的工[illegible]况充分了解每一个施工步骤的绿色控制目标，针对项目的重点和难点工[illegible]突破，将其重要的技术工作与专业技术人员做好沟通交流，以免影响[illegible]程的绿色施工控制目标。② 现场做好绿色施工的宣传工作，可以通[illegible]播放器、视频等各种传播媒介进行宣传，强调其重要性，使人们自觉遵[illegible]工的规范。③ 建立负责绿色施工管理的组织，管理人员应对自己的[illegible]负责，具备工程现场与外界人员以及内部之间良好的交流能力。④[illegible]行定期培训和技术交流，管理人员总结管理经验相互学习，提高现[illegible]理工作的能力，掌握管理技巧。⑤ 监管人员也要认真负责，不能形[illegible]应随时到位，把绿色施工的控制要点监管好。

四、绿色施工人员安全与评价管理

为了保证建筑工程顺利进行，制订安全健康管理计划并有效实施是保证现场施工人员安全和健康的基本保障。虽然不少施工单位高呼“安全第一”，可安全事故还是不断发生。这不仅是因为施工单位没有合理制定和有效实施安全生产方案，还因为管理措施执行不到位。为了能有效地实施安全计划，减少安全问题发生，施工单位要从生活方面进行改善，如营造良好的生活环境和休息环境，保障饮用水、膳食及住宿环境的安全等。由于施工现场环境不定，因此要对厨房进行定期检查和消毒处理，保持饮食安全，对现场施工人员进行定期身体检查，防止传染病的出现和蔓延。不仅要制定详细的安全事故应急方案，对施工人员进行自身安全意识的培养也是十分重要的。例如，进入施工现场必须戴好安全帽；高空作业的工作人员要系好安全带、高空作业环境要设置安全网；基坑开挖较深的地方设置警示牌；将施工现场与外界用幕布网等隔离，以免高空坠物砸到行人等。按照绿色施工管理的要求，要对管理人员和施工人员定期进行安全知识培训，要求其掌握一定的自救技能，并针对不同阶段容易发生的安全事故采取一定的预防措施。按照绿色施工管理体系的要求，对绿色施工的效果进行定期评定，组建专门的评估小组，在一定程度上提高绿色施工的管理效果，及时纠正绿色施工管理过程中不正确的行为。

第三节　绿色施工的管理模式及优化

一、绿色施工系统分析模块

将系统看作一个整体去规划和调整是现代系统分析的特点。将各分支部门管理成最优并不一定是全局的最优。考虑项目应整体考虑，以一定的管理模式对系统起作用。

把绿色施工看作一个开放系统，对其进行管理需要考虑很多要素，如人、材料、技术、工期和三维空间等。不仅如此，涉及单位颇多，考虑承包商、供应商、设计单位、施工单位和咨询单位等，众多单位相互关系和制约，才形成一个有机整体。将多种要素与众多相关单位进行合理组合，并采取绿色施工管理的模式进行控制，是绿色施工的关键之一。

二、绿色施工集成化管理模块

对绿色施工集成化管理，结合绿色施工开放系统的特点、施工过程相关单位与众多要素，通过信息交流和现代管理技术交流，将人力、管理及技术统一集成，并按照效果最优进行安排。为了将各单位有机地集成为一个整体，从而方便管理，符合绿色施工中节约资源、合理利用资源的原则，使全局动态达到最优标准，在施工管理过程中对物流、信息流以及决策流进行全面控制和协调。以环保为优先原则，通过对项目的施工过程进行全面控制与管理，从而使绿色施工的经济效益、环境效益和其他方面效益相辅相成，达到可持续发展的目标。

绿色施工系统集成化管理由三个主要部分构成，相互联系却又相对独立，形成一个协调的整体。

（1）对业主需求进行分析—集成化计划—针对计划进行重组业务流程—对施工过程进行控制。业主需求即合同上所规定的任务，在完成任务的基础上尽力满足业主的其他需求，从而争取获得业主单位的认同和对其能力的认可；企业对人才、资源、信息、空间等要素进行协调管理是集成化管理的核心；施工企业与供应商、业主、监理单位、咨询单位等相关单位之间协调合作、信息交流等过程是业务重组过程，通过采用现代管理技术对重组过程的指导，使结果达到优化；施工成本控制、安全控制、质量控制以及进度等是施工过程控制的重点。

（2）业主主导性—信息资源成果共享—协调适应管理—创造性。包括对业主的策略性主导和需求内容的满足，将施工过程进行的自我满意度评价与业主评价结合，看是否达到业主满意度以及改进项目，从而查漏补缺，并制订完善计划。信息共享是将各种要素统一结合，并建立方便查找的数据库，为日后的自我评价和业主满意度提供方便。协调适应管理是将各个单位之间协调性进行评价并进行合理规划，对不规范行为进行制止。创造性是对施工过程进行创新性建设，过程进行合理性控制，减少环境污染，提高绿色因素。

（3）性能评价及提高。各个部分之间相互联系、制约与协调，通过采用现代管理系统学的内容对各方面进行分析，提出影响施工过程的因素并给予改善策略。

绿色施工集成化管理的核心不仅由以上三个部分构成，此外还有很多细小分支使三大部分间相互联系，从而形成一个有机整体。绿色施工集成化管理为实现绿色施工计划目标提供了支撑。

三、绿色施工材料控制模块

（一）绿色施工原材料开采生产阶段

绿色施工的目的是通过采用先进的技术或方法达到节能减排，降低能耗，提升施工管理水平，建设“资源节约型、环境友好型”的施工目标。在施工过程中会消耗大量的建筑材料，这些建筑材料的来源都是通过对最原始的材料如矿石、化石、煤矿等进行开采加工得到的，所以原材料的开采生产是保证绿色施工顺利实施的前提。开采的这些原材料大多是短缺的不可再生的资源，所以提高资源的利用率从原材料开采生产阶段入手是非常关键的。在原材料开采生产阶段要从以下两点做好控制管理。

（1）避免开采有害物质含量高的原材料，尽量选用能耗低的原材料，所选的原材料尽量能够多次被利用，从而提高原材料的利用价值。

（2）原材料在生产过程中选择先进的绿色生产工艺，避免生产过程中排放的有毒气体对环境造成严重的污染，从根源处为实现绿色施工做好充足的准备。

（二）绿色施工材料运输阶段

绿色施工材料运输阶段也是绿色施工管理的一个重要环节，在进行绿色施工材料运输的过程中应注意以下三个方面的管理。

1. 运输工具

绿色施工材料的运输需要根据材料的种类、运输的数量选择合理的运输工具来进行运输，不同的材料选择的运输方式有很大的不同。例如，混凝土这种有时间时效的建筑材料在选取运输工具时，就要考虑运输工具的运输速度和封闭性，砂石料这种需要大量运输的建筑材料在运输过程中，就要考虑运输工具自身的一次性运输容量。合理地选择符合运输材料要求的运输工具，不仅能够节省时间加快工作效率，而且能够节省运输成本，运输成本的节省在一定程度上也降低了建设工程项目的总投资。

2. 运输距离

绿色施工材料从产地运输到需要使用的施工地点往往有多条路径，选择最佳的运输路径是非常关键的。运输这些待使用的施工材料需要运输路费，然而运输路费和运输距离是密切相关的，往往运输距离越远运输费用越高。但是在进行运输路径的选择时，不能仅把运输距离作为唯一的选择路径，还应考虑到所选路径的畅通性，多因素综合考虑选择出一条在道路畅通的前提下距离最短的那条路径。最佳路径的选择运输过程既安全又节省运输成本。

3. 材料原产地

绿色施工材料在进行选取时尽量选择工程建设地点当地的建材，这样既可以节省运输费用，又可以避免运输过程中造成的尘土飞扬和材料的浪费。选择当地的施工材料在减少环境污染和运输成本的同时，也带动了当地相关产业的发展，为在建工程赢得更多的支持。

（三）绿色施工生产阶段

施工阶段是建设工程项目全生命周期中最重要的一个阶段，是项目从无到目标得以实现的阶段。施工阶段会消耗大量的建筑材料，在施工的过程中也会产生大量的废弃物，这些废弃物一旦处理不及时就会形成大量的固体建筑垃圾堆积成山的现象，有些建筑垃圾甚至会散发出有毒气体，给环境带来严重的污染。要想实现绿色施工在施工阶段做好生产和环境之间的管理协调是非常重要的。

绿色施工生产阶段为了实现生产和环境的和谐发展，由施工企业组织成立环境管理委员会，高层管理制定环保方案，环境工程师根据施工情况详细制订环保计划，用来指导项目部管理的分公司的施工行为符合环保要求，并且由环境监理工程师对环保计划的实施进行审查并记录，再逐层将环保情况反馈到管理高层。

（四）绿色施工废料回收阶段

施工废料是绿色施工不同于传统施工的特点之一。建设工程项目在建造过程中会产生大量的多余废料，如木材的下脚料、土方开挖后进行回填时剩余的土、钢筋钢材的下脚料、保温材料、破碎玻璃、纸质或纤维类的包装材料等。如果这些多余的废料不进行及时的清理回收就会造成大量建筑垃圾堆砌的现象，给自然环境带来严重的污染。

绿色施工对施工废料的及时处理和回收利用实现了资源的循环利用，减少了对环境的负载。这一环节也是绿色施工实现“四节一环保”的重要体现。

四、绿色施工实施模块

绿色施工实施模块作为绿色施工管理模式中最重要的模块，主要分为以下几个部分。

（一）绿色施工目标体系

绿色施工目标体系的建立需要考虑很多因素，既包括甲方开发商的各方面具体要求，也要考虑施工方企业的诸多要求。作为绿色施工实施模块的基础，就像建楼房的地基一样重要，将目标体系分为以下三个目标层次。

1. 强制性法规目标

所谓的强制性法规目标理解起来很简单，也就是国家或地方性法规明文规定的，不对任何工程有特殊情况对待的强制性要求。所建工程的任何一个步骤或者进度都必须达到法规规定的质量，如果没达到其要求，不允许建设任何工程项目。

2. 推荐性标准目标

推荐性标准目标是国家或者受到国际认可的评估体系，具有非强制性的特点。这些体系要求可以遵守也可以不遵守，由个人或组织的意愿决定，如果某施工企业遵守这些认证体系，会提高建筑工程的品质和企业的名誉与声望。

3. 自由高标准目标

是指超过强制性法规和推荐性标准目标的体系。作为自由高标准目标，就意味着其要求会更高，更高的要求对于施工企业来讲可以提高企业的建筑水平，在市场上会更加具有竞争力，自由高标准目标可以使企业获得更大的社会效益。

（二）目标体系的实现途径

绿色施工目标体系确立后，就要开始考虑通过什么样的途径来实现这一目标，为了实现设定的目标，就要通过以下四个途径来实现。

首先，应该建立与施工项目有关的绿色施工组织体系，组织体系主要由业主、施工方、用户以及相关的建筑师、工程师、政府相关机构等人员来构成，主要负责绿色施工的管理、规划工作。对不同工程阶段按照绿色施工的目标做好相应的管理工作。

其次，对绿色施工理念做好宣传工作，对施工工作人员做好上岗前的培训，让更多的社会大众了解绿色施工带来的环保和节能效果，形成良好的绿色施工环保意识。

再次，解决经济上带来的压力，通过具体的可行性措施来实施。可以通过科学研发新型的绿色环保材料和施工技术来减少对环境的污染；在经济上可以用科学安排来降低物料的使用成本；在管理上借鉴国内外相关经验，运用科学方法管理，达到管理的高效率。

最后，建立科学的绿色施工制度和法规。制度和法规可以对绿色施工的应用起到监督的作用。国家和政府可以通过对按照绿色施工要求来完成项目的企业予以奖励政策，对新型绿色材料的研发科研予以经济上的大力支持；业主方可以明确要求承包商应该按照绿色施工的程序进行施工，并将此要求落实到工程承包合同中；建筑和环保有关部门可以提出必须通过环保认证的要求；施工企业可以将绿色施工的责任落实到企业的组织和个人；制定“绿色施工文明”管理办法，使绿色施工有理可依，营造了良好的绿色施工环境。

（三）绿色施工目标体系的实施和监督

绿色施工目标体系在实施中也会存在诸多问题，如会增加施工成本、施工企业的工人面临必须学习新的技术等问题，都会使施工企业不愿意去实施这一体系。应针对这些问题建立有效的奖惩机制，作为对施工企业的鼓励和约束。将绿色施工的要求、目标和实现途径作为施工方、材料供应方和设计方等共同遵守的依据。

为了保证绿色施工目标体系的顺利实施应建立有效的监督机制。由政府和相关单位共同实行监督工作，由于在施工过程中存在很多影响因素，可能会影响绿色施工目标体系的实施，时时监督可以在出现错误或者偏差时进行调整，来确保目标体系的顺利进行。

（四）绿色施工的评价和改进

对绿色施工管理的效果进行评价是全过程绿色施工管理模式中非常重要的一个环节，通过建立绿色施工管理评价体系来验证工程项目绿色施工管理的实际情况，将目标体系合理地分配到相应的职能部门，鼓励更多的企业应用绿色施工目标体系。

在对整个建筑项目进行综合评价后，对评价结果进行合理有效的分析，在分析数据的过程中，发现不足的地方，进一步完善目标体系和实施体系的途径，形成更加具有合理性、全面性、协调性的绿色施工目标体系，提高企业在建筑市场的竞争力，使企业在绿色施工的实施中收获更多经验，在促进绿色施工发展的同时，也对企业的发展起到了很大的作用。

五、绿色施工管理优化模块

作为绿色施工管理的压轴环节，绿色施工管理优化模块就是要使绿色施工的管理模式更加合理，使其在具体实施时更加具有可操作性，增加管理模式的有效性和适应性。

由于在实施管理模式时是不断地随着工程的进展情况而改变动态性发展的过程，因此在实行时要根据不同的工程类型、不同区域性的特点以及建筑结构等对管理模式进行优化，只有针对所面临的问题不断进行管理模式的改进和优化，才能形成不断更新适应发展的绿色施工管理模式，使绿色施工管理模式可以长效地发展。

第四节　绿色施工管理的综合评价及其步骤

一、综合评价的含义

评价是人们对某一事物的价值进行判定的行为活动，是人们日常生活中必不可少的一项活动。随着社会的不断进步，人们对评价的需求也越来越大，评价所涉及的领域已经涵盖人们生产生活的方方面面，大到对国家综合国力、经济发展、科技进步的评价，小到对某一具体项目各方面的评价。随着人们评价活动的不断增加，所应用的评价方法也在不断进化，从最初对目标评价的单一指标到多方面指标，从定性分析到定量分析，从静态到动态，从确定到模糊，一步步地发展使得评价体系更加完善。其中比较典型并且应用广泛的有层次分析法、模糊综合评价法、灰色系统分析法等。

由于一些大型综合评价的不断出现，也就为综合评价方法的产生奠定了基础，综合评价方法就是通过综合运用各种评价方法相结合，对评价目标的功能、效益等各方面进行分析，通过建立符合实际的评价指标体系，结合项目的不同需求，对项目的经济、社会、环境等因素指标计算，得出项目的综合评价分析结果，为项目提供理论分析。

二、综合评价的步骤

在社会发展的不同领域催生出各种不同的评价方法，给社会生活带来了巨大的变化和影响，对大型复杂项目的综合评价，利用系统工程的方法及原理，并且以项目实际情况为基础，构建综合评价模型，对项目各指标进行分析，得出科学评价结果。

综合评价的具体步骤如下：

（1）明确总体目标及目标体系；

（2）确定综合环境和存在的限制条件；

（3）确定评价任务；

（4）建立评价指标体系；

（5）选择评价方法；

（6）收集数据资料；

（7）进行综合评价。

第七章　工程项目质量管理体系及全过程质量管理

第一节　质量管理概述

一、项目质量的内涵

（一）工程项目质量

工程项目质量是国家现行的有关法律、法规、技术标准、设计文件及工程合同中对工程的安全、使用、经济、美观等特性的综合要求。从功能和使用价值来看，工程项目的质量特性通常体现在适用性、安全性、可靠性、经济性、耐久性、与环境的协调性及业主所要求的其他特殊功能等方面。

（二）工程建设各阶段的质量

土木工程项目质量不仅包括活动或过程的结果，还包括活动或过程本身，即生产产品的全过程。

二、质量管理的因素控制

在土木工程项目建设中，勘察、设计、施工、竣工等各阶段，影响工程质量的主要因素均有“人、材料、机械设备、方法和环境因素”等五大方面。具体控制措施如下。

（一）人的控制

为了避免人的失误，调动人的主观能动性，增强人的责任观和质量观。达到以工作质量保工序质量、工程质量的目的，除了加强劳动纪律教育、职业道德教育、专业技术培训、健全岗位责任制等，还需要根据工程项目的特点，从确保质量出发，本着适才适用、扬长避短的原则来控制人的使用。

（二）材料的控制

在土木工程建设中，对材料质量的控制要做好的工作有：掌握材料信息，优选供货厂家，合理组织材料供应，确保施工正常进行；合理组织材料使用，减少材料的损失；加强材料的运输、保管工作，健全材料管理制度；加强材料检查验收，严把材料质量关；重视材料的使用认证。

（三）机械设备的控制

机械设备的控制，包括生产机械设备控制和施工机械设备控制。

生产机械设备的控制。在项目设计阶段，主要是控制设备的选型和配套；在项目施工阶段，主要是控制设备的购置、检查验收、安装质量和试车运转。施工机械设备的控制，在项目施工阶段，必须综合考虑施工现场条件、建筑结构形式、机械设备性能、施工工艺和方法、施工组织和管理、建筑技术经济等各种因素，制定出合理的机械化施工方案。从保证土木工程项目施工质量角度出发，着重从机械设备的选型、机械设备的主要性能参数和机械设备的使用操作要求等三个方面予以控制。

（四）方法的控制

方法的控制是指对土木工程项目整个建设周期内所采取的技术方案、工艺流程、组织措施、检测手段、施工组织设计等的控制。其中，施工方案的正确与否，直接影响土木工程项目的进度控制、质量控制。为此，在制定和审核施工方案时，必须结合工程实际，从技术、组织、管理、工艺、操作、经济等方面进行全面分析、综合考虑。力求方案技术可行、经济合理、工艺先进、措施得力、操作方便，有利于提高质量、加快进度、降低成本。

（五）环境因素的控制

对环境因素的控制与施工方案和技术措施紧密相关。结合工程的特点，有针对性地拟定季节性施工保证质量和安全的有效措施；同时，不断改善施工现场的环境和作业环境；加强对自然环境和文物的保护；尽可能减少施工所产生的危害和对环境的污染；健全施工现场管理制度，合理布置场地，使施工现场秩序化、标准化、规范化，实现文明施工。

三、质量管理的基本原理

（一）PDCA 循环原理

土木工程项目的质量控制是一个持续的过程。首先在提出项目质量目标的基础上，制订质量控制计划，包括实现该计划需采取的措施；然后将计划加以实施，特别要在组织上加以落实，真正将工程项目质量控制的计划措施落到实处。在实施过程中，还要经常检查、监测，以评价检查结果与计划是否一致；最后对出现的质量问题进行处理，对暂时无法处理的质量问题重新分析，进一步采取措施加以解决，这就是 PDCA 循环的基本原理。

PDCA 循环的原理可以简化为计划—实施—检查—处置，以计划和目标控制为基础，通过不断循环，质量得到持续改进，质量水平不断提高。

在 PDCA 循环的任一阶段内又可以套用 PDCA 小循环，即循环套循环。

（二）三阶段控制原理

（1）事前控制。事前控制强调质量目标的计划预控，并按质量计划进行质量活动前的准备工作状态的控制。在正式施工前进行事前主动质量控制，通过编制施工质量计划，明确质量目标，制定施工方案，设置质量管理点，落实质量责任，分析可能导致质量目标偏离的各种影响因素，针对这些影响因素制定有效的预防措施，防患于未然。

（2）事中控制。在施工质量形成过程中，对影响施工质量的各种因素进行全面的动态控制。事中控制首先是对质量活动的行为约束，其次是对质量活动过程和结果的监督控制。此阶段的关键在于坚持质量标准，控制重点是工序质量、工作质量和质量控制点的控制。

（3）事后控制。事后控制一般是指输出阶段的质量控制，包括对质量活动结果的评价认定和对质量偏差的纠正，也称为事后质量把关，以使不合格的工序或最终产品不进入下道工序，不进入市场。控制的重点是发现施工质量方面的缺陷，并通过分析提出施工质量改进的措施，保持质量处于受控状态。

（三）三全控制原理——TQC 原理

三全控制原理来自全面质量管理（TQC）思想，指的是企业组织的质量管理应做到全面、全过程和全员参与。

（1）全面质量控制。全面质量控制是指工程质量和工作质量的全面控制，工作质量是产品质量的保证，工作质量直接影响产品质量的形成。对于土木工程项目，全面质量控制还应该包括土木工程各参与主体的工程质量与工作质量的全面控制。

（2）全过程质量控制。从总体效果来讲，全过程质量控制主要有项目策划与决策过程、勘察设计过程、施工采购过程、施工组织与准备过程、检测设备控制与计量过程、施工生产的检验试验过程、工程质量的评定过程、工程的竣工验收与交付过程以及工程回访维修过程等。

（3）全员参与控制。全员参与工程项目的质量控制是指土木工程项目各方面、各部门、各环节工作质量的综合反映。其中的主要工作包括：抓好全员的质量教育和培训；制定各部门、各级各类人员的质量责任制度；开展多种形式的群众性质量管理活动等。

第二节 质量管理体系

项目质量管理体系是指建立施工项目质量方针和质量目标，并实现这些目标的体系，它是项目内部建立的、为保证产品质量或质量目标所必需的、系统的质量活动。

质量管理体系的构建与运行一般分为三个阶段，即质量管理体系的策划与总体设计、质量管理体系文件的编制和质量管理体系的实施运行。

一、质量管理体系的策划与总体设计

质量管理体系的策划应采用过程方法的模式，通过规划好一系列相互关联的过程来实施项目；识别实现质量目标和持续改进所需要的资源；同时考虑组织不同层次员工的培训，使体系工作和执行要求被参加施工项目的所有人员了解，并贯彻于每个人的工作，使他们都参与保证施工项目过程和施工项目产品质量的工作。

二、质量管理体系文件的编制

质量管理体系文件的编制是企业质量管理的重要组成部分，也是企业进行质量管理和质量保证的基础。编制的质量体系文件包括质量手册、质量计划、程序文件、作业指导书和质量记录。

（1）质量手册。质量手册是实施和保持质量体系过程中长期遵循的纲领性文件，内容一般包括质量方针和质量目标，组织、职责和权限，引用文件，质量管理体系的描述，质量手册的评审、批准和修订。

（2）质量计划。质量计划是为了确保过程的有效运行和控制，在程序文件的指导下，针对特定的产品、过程、合同或项目，而制定出的专门质量措施和活动顺序的文件。其内容包括：应达到的质量目标，该项目各阶段的责任和权限，应采用的特定程序、方法、作业指导书，有关阶段的试验、检验和审核大纲等。

（3）程序文件。程序文件是企业落实质量管理工作而建立的各项管理标准、规章制度，是企业各职能部门为贯彻落实质量手册要求而制定的实施细则。一般包括文件控制程序、质量记录管理程序、不合格控制程序、内部审核程序、预防措施控制程序、纠正措施控制程序等。

（4）作业指导书。作业指导书的结构、格式以及详略程度应当适合于项目组织中人员使用的需要，并取决于活动的复杂程度、使用的方法、实施的培训以及人员的技能和资格。

（5）质量记录。质量记录是产品质量水平和质量体系中各项质量活动进行及结果的客观反映，是证明各阶段产品质量达到要求和质量体系运行有效的证据。

三、质量管理体系的实施运行

质量管理体系的运行是在生产及服务的全过程按质量管理文件体系制定的程序、标准、工作要求及目标分解的岗位职责进行操作运行。它一般包括三个阶段，即准备阶段、试运行阶段和正式运行阶段。

（一）准备阶段

在完成质量管理体系的有关组织结构、骨干培训、文件编制等工作之后，企业组织进入质量管理体系运行的准备阶段。本阶段的工作如下：

（1）选择试点项目，制订项目试运行计划。

（2）全员培训。

（3）各种资料发送，文件、标示发送到位。

（4）有一定的专项经费支持。

（二）试运行阶段

（1）对质量管理体系中的重点要素进行监控，观察程序执行情况，并与标准对比，找出偏差。

（2）针对找出的偏差，分析与验证产生偏差的原因。

（3）针对分析出的原因制定纠正措施。

（4）送达纠正措施的文件通知单，并在规定的期限内进行验证。

（5）征求企业组织各职能部门、各层次人员对质量管理体系运行的意见，认真分析存在的问题，确定改进措施。

（三）正式运行阶段

经过试运行阶段修改、完善质量管理体系之后，即可进入质量管理体系的正式运行阶段，这一阶段的重点活动如下：

（1）对过程、产品进行测量和监督。

（2）质量管理体系的协调。

（3）质量管理的内外部审核。

第三节　全过程的质量管理

一、前期策划的质量管理

项目前期策划是指在土木工程建设前期，通过认真周密的调查工作明确项目的工程目标，构建项目的系统框架，完成项目建设的战略决策。项目的前期策划包括针对项目建设前期阶段的工程项目开发策划，针对工程项目实施阶段的实施策划以及针对项目运营维护阶段的运营策划。

（一）项目策划的实施

1. 项目的开发策划

项目的开发策划是在项目建设前期制定项目开发总体策略的过程，包括项目的构思策划和项目的融资策划。

（1）项目的构思策划。项目的构思策划过程是从项目最初构思方案的产生到最终构思方案形成的过程，即项目构思的产生、项目定位、项目目标系统设计、项目定义并提出项目建议书的全过程。

（2）项目的融资策划。项目的融资策划是通过有效的项目融资为项目的实施创造良好的条件，并最大限度地减少项目的成本，提高项目的盈利能力。

2. 项目的实施策划

针对项目实施阶段的策划包括项目的组织策划、项目的目标管理策划和项目的采购策划。

（1）项目的组织策划。项目的组织策划包括两层含义：一层是为了使项目达到预定的目标，使全体参加者经分工与协作以及设置不同层次的权力和责任制度而构成的一种人员的最佳组合体；另一层是指针对项目的实施方式以及实施过程，建立系统化、科学化的工作流程组织模式。

（2）项目的目标管理策划。项目的目标管理策划是通过制定科学的目标管理计划和实施有效的目标管理策略，使项目构思阶段形成的预定目标得以实现的过程和活动。项目目标管理策划包括与目标系统管理相关的目标管理过程的分析、目标管理环境的调查、目标管理方案的确立和目标管理措施的制定等。

（3）项目的采购策划。项目采购策划的目的是根据项目的特点，通过详细的调查分析来制定合理的采购策略。具体包括项目管理咨询服务的采购、项目设计咨询的采购、项目施工承包企业的采购、项目供货单位的采购以及直接的项目所需材料和设备的采购等。

3. 项目的运营策划

项目的运营策划是指项目建设完成后运营期内项目运营方式、运营组织管理和项目运营机制的策划。项目的运营策划包括确立项目运营管理组织方案、初步拟定人员需求计划等方面的工作。

（二）项目建设前期质量策划的环节

土木工程项目质量策划应该在项目建设前期阶段完成，在项目建设的前期阶段，质量策划一般包括以下四个关键环节：

（1）明确项目建设的质量目标。根据所建土木工程项目的特点及其要求，指出项目的建设方针，明确项目的建设目标。

（2）做好项目质量管理的全局规划。项目质量不仅是指传统意义上项目实体本身的施工质量，而且还体现在项目前期策划、招投标与合同管理、勘察与设计、材料设备采购等过程的工作质量及相关产品的质量。

（3）建立项目质量管理的系统网络。发挥监理单位、施工单位、勘察设计单位的作用，形成严密的土木工程项目建设的质量管理网络，对项目质量进行多层管理。

（4）制定项目质量管理的总体措施。

二、勘察设计阶段的质量管理

（一）项目勘察的质量管理

1. 项目勘察质量管理的工作

（1）编写勘察任务书、竞选文件或招标文件前，广泛收集各种有关的资料和文件，同时，在整理分析各种文件和资料的基础上，提出与项目相适应的技术要求和质量标准。

（2）审核勘察单位的勘察实施方案，重点审核方案的可行性、准确性。

（3）在勘察实施过程中，设置报验点，必要时还可以进行旁站监理。

（4）对勘察单位提出的勘察成果，包括对地形地物测量图、勘察标志、地质勘察报告等进行核查，审查的重点是是否符合委托合同及有关技术规划标准的要求，验证其真实性和准确性。

（5）必要时，还要组织专家对勘察成果进行评审。

2. 项目勘察质量管理要点

工程项目勘察是一项技术性、专业性强的工作。其质量管理的基本方法是按照质量管理的基本原理，对工程勘察的五大质量因素进行检查和过程管理。项目勘察的具体管理要点如下：

（1）协助建设单位选择勘察单位。

（2）勘察工作方案审查和管理。

（3）勘察现场作业的质量管理。

（4）勘察文件的质量管理。

（5）后期服务质量保证。

（6）勘察技术档案管理。

（二）项目设计的质量管理

1. 设计准备阶段的质量管理

设计准备是提高项目设计工作质量的必经步骤，是项目规划阶段工作内容的自然延续。因此，在设计准备阶段的质量管理可从以下几个方面进行：

（1）设计纲要的编制。编制和审核设计纲要时，应对可行性研究报告进行充分核实，保证设计纲要的内容建立在物质资源和外部建设条件的可靠基础上。

（2）组织设计招标或方案竞选。设计招标是通过优胜劣汰，选择中标者承担设计任务。而方案竞选中不涉及中标签合同的问题，它只是评选竞赛的名次，通过评选找出各参赛方案的优点，进而委托设计单位，综合各方案的优点，编制出新的设计方案。

（3）签订设计合同。根据设计招标或方案竞选最后批准的设计方案，做好设计单位的选择工作。应对设计承包单位的资质等级进行审查认可，与其签订设计合同，并在合同中写明承包方的质量保证责任。

2. 设计方案的审核

审核设计方案是控制设计质量的重要步骤，以保证项目设计符合实际纲要的要求，符合国家有关工程建设的方针、政策，符合现行建筑设计标准、规范；适应国情，结合工程实际；工艺合理，技术先进；能充分发挥工程项目的社会效益、经济效益和环境效益。具体包括总体方案的审核、专业设计方案的审核。

3. 设计图纸的审核

对设计图纸的审核包括业主对设计图纸的审核和政府机构对设计图纸的审核两个方面。

4. 图纸会审

图纸会审是指工程各参建单位在收到施工图设计文件后，对图纸进行全面细致的熟悉，审查出施工图中存在的问题及不合理情况并提交设计院进行处理的一项重要活动。

三、施工阶段的质量管理

施工阶段是工程实体最终形成的阶段，也是最终形成工程产品质量的工程项目使用价值的重要阶段。

（一）施工阶段质量管理的系统过程

土木工程项目的施工是由投入资源（人力、材料、设备、机械）开始的。通过施工生产，最终形成产品的过程。所以施工阶段的质量管理就是从投入资源的质量管理开始，经过施工生产过程的质量管理，直至产品的质量管理，从而形成一个施工质量管理的系统。

（二）施工过程的质量管理

1. 施工准备阶段的质量管理

施工准备阶段的质量管理是指项目正式施工活动开始前，对各项准备工作及影响质量的各因素和有关方面进行的质量管理。其基本任务就是为施工项目建立一切必要的施工条件，确保施工生产顺利进行，确保工程质量符合要求。这一阶段质量管理的主要工作如下：

（1）技术资料、文件准备的质量管理。

（2）采购质量管理。

（3）质量教育与培训。

（4）现场施工准备的质量管理。

2. 施工过程的质量管理

施工过程由一系列相互联系与制约的工序构成。工序是人、材料、机械设备、施工方法和环境因素对工程质量综合起作用的过程。

（1）施工工序质量管理的内容。施工工序质量管理主要包括施工工序条件质量管理和施工工序效果质量管理。

1）施工工序条件质量管理。管理的手段主要有检查、测试、试验、跟踪监督等。

2）施工工序效果质量管理。管理的主要途径有实测获取数据、统计分析所获取的数据、判断认定质量等级和纠正质量偏差。

（2）施工工序质量控制点的设置。在设置质量控制点时，首先要对施工的工程对象进行全面分析、比较，以明确质量控制点；之后进一步分析所设置的质量控制点在施工中可能出现的质量问题或造成质量隐患的原因，针对隐患的原因，相应地提出对策措施予以预防。

（3）施工工序质量管理的检验。工序质量管理的检验，就是利用一定的方法和手段，对工序操作及其完成产品的质量进行实际而及时的测定、查看和检查，并将所测得的结果同该工序的操作规程及形成质量特性的技术标准进行比较，从而判断其质量效果是否符合质量标准的要求。

四、竣工阶段的质量管理

竣工验收阶段的质量管理包括最终质量检验和试验、技术资料的整理、施工质量缺陷的纠正和处理、工程竣工验收文件的编制和移交准备、产品防护以及撤场计划等。主要的质量管理要求如下。

（一）最终质量检验和试验

单位工程质量验收也称质量竣工验收，是土木工程投入使用前的最后一次验收，是对土木工程产品质量的最后把关，是全面考核产品质量是否满足质量管理计划预期要求的重要手段。不仅要全面检查其完整性，对分部工程验收时补充进行的见证抽样检验报告也要复核。

（二）技术资料的整理

技术资料的整理要符合有关规定及规范的要求，必须做到准确、齐全，能够满足土木工程进行维修、改造、扩建时的需要。

（三）质量缺陷纠正和处理

施工阶段出现的所有质量缺陷，应及时进行纠正，并在纠正之后再次验证纠正的有效性。

（四）竣工验收文件的编制和移交准备

（1）项目可行性研究报告，项目立项批准书，土地、规划批准文件，设计任务书，初步（或扩大初步）设计，工程概算等。

（2）竣工资料整理，绘制竣工图，编制竣工决算。

（3）竣工验收报告、工程项目总说明、技术档案建立情况、建设情况、效益情况、存在和遗留问题等。

（4）竣工验收报告书的主要附件。

（五）产品防护

竣工验收期要定人定岗，采取有效防护措施，保护已完工程，发生丢失、损坏时应及时补救。

（六）撤场计划

工程通过验收后，项目部应编制符合文明施工和环境保护要求的撤场计划。

第八章　工程项目施工质量控制与管理

第一节　施工质量控制的依据与基本环节

一、施工质量的基本要求

工程项目施工是实现项目设计意图，形成工程实体的阶段，是最终形成项目质量和实现项目使用价值的阶段。项目施工质量控制是整个工程项目质量控制的关键和重点。

施工质量要达到的最基本要求是：通过施工形成的项目工程实体质量经检查验收合格。

项目施工质量验收合格应符合下列要求：

（1）符合《建筑工程施工质量验收统一标准》（GB 50300—2013）和相关专业验收规范的规定。

（2）符合工程勘察、设计文件的要求。

（3）符合施工承包合同的约定。

上述要求（1）是国家法律法规的要求。国家建设行政主管部门为了加强建筑工程质量管理，规范建筑工程施工质量的验收，保证工程质量，制定了相应的标准和规范。这些标准、规范主要是从技术的角度，为保证房屋建筑各专业工程的安全性、可靠性、耐久性而提出的一般性要求。

上述要求（2）是勘察、设计对施工提出的要求。工程勘察、设计单位针对本工程的水文地质条件，根据建设单位的要求，从技术和经济结合的角度，为满足工程的使用功能和安全性、经济性、与环境的协调性等要求，以图纸、文件的形式对施工提出要求，是针对每个工程项目的个性化要求。

上述要求（3）是施工承包合同约定的要求。施工承包合同的约定具体体现了建设单位的要求和施工单位的承诺，合同的约定全面体现了对施工形成的工程实体的适用性、安全性、耐久性、可靠性、经济性以及与环境的协调性等六个方面质量特性的要求。

为了达到上述要求，项目的建设单位、勘察单位、设计单位、施工单位、工程监理单位应切实履行法定的质量责任和义务，在整个施工阶段对影响项目质量的各项因素实行有效的控制，以保证项目实施过程的工作质量来保证项目工程实体的质量。

“合格”是对项目质量的最基本的要求，国家鼓励采用先进的科学技术和管理方法，提高建设工程质量。全国和地方（部门）的建设主管部门或行业协会所设立的“中国建筑工程鲁班奖”（国家优质工程）、“长城杯奖”以及以“某某杯”命名的各种优质工程奖等，都是为了鼓励项目参建单位创造更好的工程质量。

二、施工质量控制的依据

（1）共同性依据。是指和施工质量管理有关的、通用的、具有普遍指导意义和必须遵守的基本法规，主要包括国家和政府有关部门颁布的与工程质量管理有关的法律法规性文件，如《建筑法》《中华人民共和国招标投标法》和《建设工程质量管理条例》等。

（2）专业技术性依据。是指针对不同行业、不同质量控制对象所制定的专业技术规范文件，包括规范、规程、标准、规定等，如工程建设项目质量检验评定标准，有关建筑材料、半成品和构配件质量方面的专门技术法规性文件，有关材料验收、包装和标志等方面的技术标准和规定，施工工艺质量等方面的技术法规性文件，有关新工艺、新技术、新材料、新设备的质量规定和鉴定意见等。

（3）项目专用性依据。是指本项目的工程建设合同、勘察设计文件、设计交底及图纸会审记录、设计修改和技术变更通知，以及相关会议记录和工程联系单等。

三、施工质量控制的基本环节

施工质量控制应贯彻全面、全员、全过程质量管理的思想，运用动态控制原理，进行质量的事前控制、事中控制和事后控制。

（1）事前质量控制，即在正式施工前进行的事前主动质量控制，通过编制施工质量计划，明确质量目标，制定施工方案，设置质量管理点，落实质量责任，分析可能导致质量目标偏离的各种影响因素，针对这些影响因素制定有效的预防措施，防患于未然。

事前质量控制必须充分发挥组织的技术和管理面的整体优势，把长期形成的先进技术、管理方法和经验智慧，创造性地应用于工程项目。

事前质量控制要求针对质量控制对象的控制目标、活动条件、影响因素进行周密分析，找出薄弱环节，制定有效的控制措施和对策。

（2）事中质量控制，是指在施工质量形成过程中，对影响施工质量的各种因素进行全面的动态控制。事中质量控制也称为作业活动过程质量控制，包括质量活动主体的自我控制和他人监控的控制方式。自我控制是第一位的，即作业者在作业过程中对自己的质量活动行为的约束和技术能力的发挥，以完成符合预定质量计划的作业任务；他人监控是对作业者的质量活动过程和结果，由来自企业内部的管理者和企业外部有关方面进行监督检查，如工程监理机构、政府质量监督部门等的监控。

施工质量的自控和监控是相辅相成的系统过程。自控主体的质量意识和能力是关键，是施工质量的决定因素；各监控主体所进行的施工质量监控是对自控行为的推动和约束。

因此，自控主体必须正确处理自控和监控的关系，在致力于施工质量自控的同时，还必须接受来自业主、监理等方面对其质量行为和结果所进行的监督管理，包括质量检查、评价和验收。自控主体不能因为监控主体的存在和监控职能的实施而减轻或免除其质量责任。

事中质量控制的目标是确保工序质量合格，杜绝质量事故的发生；控制的关键是坚持质量标准；控制的重点是对工序质量、工作质量和质量控制点的控制。

（3）事后质量控制。事后质量控制也称为事后质量把关，是使不合格的工序或最终产品（包括单位工程或整个工程项目）不流入下道工序、不进入市场。事后质量控制包括对质量活动结果的评价、认定；对工序质量偏差的纠正；对不合格产品进行整改和处理。控制的重点是发现施工质量方面的缺陷，并通过分析提出施工质量改进的措施，保持质量处于受控状态。

以上三大环节不是互相孤立的，它们共同构成有机的系统过程，实质上也就是质量管理 PDCA 循环的具体化，在每一次滚动循环中不断提高，从而达到质量管理和质量控制的持续改进。

第二节　施工质量计划的内容与编制方法

按照《质量管理体系——基础和术语》（GB/T 19000—2015/ISO 9000：2015），质量计划是质量管理体系文件的组成内容。在合同环境下，质量计划是企业向顾客说明质量管理方针、目标及其具体实现的方法、手段和措施的文件，是体现企业对质量责任的承诺和实施的具体步骤。

一、施工质量计划的形式和内容

在建筑施工企业的质量管理体系中，以施工项目为对象的质量计划称为施工质量计划。

（1）施工质量计划的形式。我国除已经建立质量管理体系的施工企业直接采用施工质量计划的形式外，通常还采用在工程项目施工组织设计或施工项目管理实施规划中包含质量计划内容的形式，因此，现行的施工质量计划有三种形式：

1）工程项目施工质量计划。

2）工程项目施工组织设计（含施工质量计划）。

3）施工项目管理实施规划（含施工质量计划）。

施工组织设计或施工项目管理实施规划之所以能发挥施工质量计划的作用，是因为根据建筑生产的技术经济特点，每个工程项目都需要进行施工生产过程的组织与计划，包括施工质量、进度、成本、安全等目标的设定，实现目标的计划和控制措施的安排等。因此，施工质量计划所要求的内容，理所当然地被包含于施工组织设计或项目管理实施规划中，而且能够充分体现施工项目管理目标（质量、工期、成本、安全）的关联性、制约性和整体性，这也和全面质量管理的思想方法一致。

（2）施工质量计划的基本内容。在已经建立质量管理体系的情况下，质量计划的内容必须全面体现和落实企业质量管理体系文件的要求（也可引用质量体系文件中的相关条文），同时，结合本工程的特点，在质量计划中编写专项管理要求。施工质量计划的基本内容一般应包括：

1）工程特点及施工条件（合同条件、法规条件和现场条件等）分析。

2）质量总目标及其分解目标。

3）质量管理组织机构和职责，人员及资源配置计划。

4）确定施工工艺与操作方法的技术方案和施工组织方案。

5）施工材料、设备等物资的质量管理及控制措施。

6）施工质量检验、检测、试验工作的计划安排及其实施方法与检测标准。

7）施工质量控制点及其跟踪控制的方式与要求。

8）质量记录的要求等。

二、施工质量计划的编制与审批

建筑工程项目施工任务的组织，无论业主方采用平行发包还是总分包方式，都将涉及多方参与主体的质量责任。也就是说，建筑产品的直接生产过程是在协同方式下进行的，因此，在工程项目质量控制系统中，要按照“谁实施，谁负责”的原则，明确施工质量控制的主体构成及其各自的控制范围。

（一）施工质量计划的编制主体

施工质量计划应由自控主体，即施工承包企业进行编制。在平行发包模式下，各承包单位应分别编制施工质量计划；在总分包模式下，施工总承包单位应编制总承包工程范围的施工质量计划；各分包单位编制相应分包范围的施工质量计划，作为施工总承包方质量计划的深化和组成部分。施工总承包方有责任对各分包方施工质量计划的编制进行指导和审核，并承担相应施工质量的连带责任。

（二）施工质量计划涵盖的范围

施工质量计划涵盖的范围，按整个工程项目质量控制的要求，应与建筑安装工程施工任务的实施范围一致，以此保证整个项目建筑安装工程的施工质量总体受控；对具体施工任务承包单位而言，施工质量计划涵盖的范围应能满足其履行工程承包合同质量责任的要求。项目的施工质量计划应在施工程序、控制组织、控制措施、控制方式等方面，形成一个有机的质量计划系统，确保实现项目质量总目标和各分解目标的控制能力。

（三）施工质量计划的审批

施工单位的项目施工质量计划或施工组织设计文件编成后，应按照工程施工管理程序进行审批，包括施工企业内部的审批和项目监理机构的审查。

1. 企业内部的审批

施工单位的项目施工质量计划或施工组织设计的编制与内部审批，应根据企业质量管理程序性文件规定的权限和流程进行。其通常是由项目经理部主持编制，报企业组织管理层批准。

施工质量计划或施工组织设计文件的内部审批过程，是施工企业自主技术决策和管理决策的过程，也是发挥企业职能部门与施工项目管理团队的智慧和经验的过程。

2. 项目监理机构的审查

实施工程监理的施工项目，按照我国建设工程监理规范的规定，施工承包单位必须填写“施工组织设计（方案）报审表”并附施工组织设计（方案），报送项目监理机构审查。规范规定项目监理机构在工程开工前，总监理工程师应组织专业监理工程师审查承包单位报送的“施工组织设计（方案）报审表”，提出意见，并经总监理工程师审核、签认后报建设单位。

3. 审批关系的处理原则

正确执行施工质量计划的审批程序，是正确理解工程质量目标和要求，保证施工部署、技术工艺方案和组织管理措施的合理性、先进性和经济性的重要环节，也是进行事前质量控制的重要方法。因此，在执行审批程序时，必须正确处理施工企业内部审批和监理机构审查的关系，其基本原则如下：

（1）充分发挥质量自控主体和监控主体的共同作用，在坚持项目质量标准和质量控制能力的前提下，正确处理承包人利益和项目利益的关系，施工企业内部的审批首先应从履行工程承包合同的角度，审查实现合同质量目标的合理性和可行性，以项目质量计划向发包方提供可信任的依据。

（2）施工质量计划在审批过程中，对监理机构审查所提出的建议、希望、要求等意见是否采纳以及采纳的程度，应由负责质量计划编制的施工单位自主决策，在满足合同和相关法规要求的情况下，确定质量计划的调整、修改和优化，并对相应执行结果承担责任。

（3）按规定程序审查批准的施工质量计划，在实施过程中如因条件变化需要对某些重要决定进行修改，其修改内容仍应按照相应程序经过审批后执行。

三、施工质量控制点的设置与管理

施工质量控制点的设置是施工质量计划的重要组成内容。施工质量控制点是施工质量控制的重点对象。

（一）质量控制点的设置

质量控制点应选择那些技术要求高、施工难度大、对工程质量影响大或发生质量问题时危害大的对象进行设置。一般选择下列部位或环节作为质量控制点：

（1）对工程质量形成过程产生直接影响的关键部位、工序、环节及隐蔽工程。

（2）施工过程中的薄弱环节，或者质量不稳定的工序、部位或对象。

（3）对下道工序有较大影响的上道工序。

（4）采用新技术、新工艺、新材料的部位或环节。

（5）施工质量无把握的、施工条件困难的或技术难度大的工序或环节。

（6）用户反馈指出的和过去有过返工的不良工序。

（二）质量控制点的重点控制对象

质量控制点的选择要准确，还要根据对重要质量特性进行重点控制的要求，选择质量控制点的重点部位、重点工序和重点的质量因素作为质量控制点的重点控制对象，进行重点预控和监控，从而有效地控制和保证施工质量。质量控制点的重点控制对象主要包括以下几个方面。

（1）人的行为。某些操作或工序，应以人为重点控制对象，如高空、高温、水下、易燃易爆、重型构件吊装作业以及操作要求高的工序和技术难度大的工序等，都应从人的生理、心理、技术能力等方面进行控制。

（2）材料的质量与性能。这是直接影响工程质量的重要因素，在某些工程中应作为控制的重点，如钢结构工程中使用的高强度螺栓、某些特殊焊接作业中使用的焊条，都应重点控制其材质与性能；又如水泥的质量是直接影响混凝土工程质量的关键因素，在施工中就应对进场的水泥质量进行重点控制，必须检查核对其出厂合格证，并按要求进行强度和安定性的复验等。

（3）施工方法与关键操作。某些直接影响工程质量的关键操作应作为控制的重点，如预应力钢筋的拉张工艺操作过程及拉张力的控制，是可靠地建立预应力值和保证预应力构件质量的关键过程。同时，那些易对工程质量产生重大影响的施工方法，也应被列为控制的重点，如大模板施工中模板的稳定和组装问题、液压滑模施工时支撑杆稳定问题、升板法施工中提升量的控制问题等。

（4）施工技术参数。如混凝土的外加剂掺量、水胶比，同填土的含水量，砌体的砂浆饱满度，防水混凝土的抗渗等级，建筑物沉降与基坑边坡稳定监测数据，大体积混凝土内外温差及混凝土冬期施工受冻临界强度等技术参数都是应重点控制的质量参数与指标。

（5）技术间歇。有些工序之间必须留有必要的技术间歇时间，如砌筑与抹灰之间，应在墙体砌筑后留 6~10 d 时间，让墙体充分沉陷、稳定、干燥，然后再抹灰，抹灰层干燥后，才能喷白、刷浆；混凝土浇筑与模板拆除之间，应保证混凝土有一定的硬化时间，达到规定拆模强度后方可拆除等。

（6）施工顺序。某些工序之间必须严格控制先后的施工顺序，如对冷拉的钢筋应当先焊接后冷拉，否则会失去冷强；屋架的安装固定，应采取对角同时施焊的方法，否则会由于焊接应力导致校正好的屋架发生倾斜。

（7）易发生或常见的质量通病。如混凝土工程的蜂窝、麻面、空洞，墙、地面、屋面工程渗水、漏水、空鼓、起砂、裂缝等，都与工序操作有关，均应事先研究对策，提出预防措施。

（8）新技术、新材料及新工艺的应用。由于缺乏经验，施工时应将其作为重点进行控制。

（9）产品质量不稳定和不合格率较高的工序应被列为重点，并应认真分析，严格控制。

（10）特殊地基或特种结构。对于湿陷性黄土、膨胀土、红黏土等特殊土地基的处理，以及大跨度结构、高耸结构等技术难度较大的施工环节和重要部位，均应予以特别的重视。

（三）质量控制点的管理

设定了质量控制点，质量控制的目标及工作重点就更加明确。

（1）要做好施工质量控制点的事前质量控制工作，包括明确质量控制的目标与控制参数、编制作业指导书和确定质量控制措施、确定质量检查检验方式及抽样的数量与方法、明确检查结果的判断标准及质量记录与信息反馈要求等。

（2）要向施工作业班组进行认真交底，使每一个控制点上的作业人员明白施工作业规程及质量检验评定标准，掌握施工操作要领；在施工过程中，相关技术管理和质量控制人员要在现场进行重点指导和检查验收。

（3）还要做好施工质量控制点的动态设置和动态跟踪管理。所谓动态设置，是指在工程开工前、设计交底和图纸会审时，可确定项目的一批质量控制点，随着工程的展开、施工条件的变化，随时或定期进行控制点的调整和更新。动态跟踪是应用动态控制原理，落实专人负责跟踪和记录控制点质量控制的状态和效果，并及时向项目管理组织的高层管理者反馈质量控制信息，保持施工质量控制点的受控状态。

对于危险性较大的分部分项工程或特殊施工过程，除按一般过程质量控制的规定执行外，还应由专业技术人员编制专项施工方案或作业指导书，经施工单位技术负责人、项目总监理工程师、建设单位项目负责人签字后执行。超过一定规模的危险性较大的分部分项工程，还要组织专家对专项方案进行论证。作业前施工员、技术员做好交底和记录，使操作人员在明确工艺标准、质量要求的基础上进行作业。为保证质量控制点的目标实现，应严格按照三级检查制度进行检查控制。在施工中发现质量控制点有异常时，应立即停止施工，召开分析会，查找原因，采取对策予以解决。

施工单位应积极主动地支持、配合监理工程师的工作，应根据现场工程监理机构的要求，将施工作业质量控制点，按照不同的性质和管理要求，细分为“见证点”和“待检点”以进行施工质量的监督和检查。凡属“见证点”的施工作业，如重要部位、特种作业、专门工艺等，施工方必须在该项作业开始前 24 h，书面通知现场监理机构到位旁站，见证施工作业过程；凡属“待检点”的施工作业，如隐蔽工程等，施工方必须在完成施工质量自检的基础上，提前通知项目监理机构进行检查验收，然后才能进行工程隐蔽或下道工序的施工。未经过项目监理机构检查验收合格的，不得进行工程隐蔽或下道工序的施工。

第三节　施工生产要素的质量控制

施工生产要素是施工质量形成的物质基础，其质量的含义包括以下内容：

作为劳动主体的施工人员，即直接参与施工的管理者、作业者的素质及其组织效果；作为劳动对象的建筑材料、半成品、工程用品、设备等的质量；作为劳动方法的施工工艺及技术措施的水平；作为劳动手段的施工机械、设备、工具、模具等的技术性能；以及施工环境——现场水文、地质、气象等自然环境，通风、照明、安全等作业环境以及协调配合的管理环境。

一、施工人员的质量控制

施工人员的质量包括参与工程施工的各类人员的施工技能、文化素养、生理体能、心理行为等方面的个体素质，以及经过合理组织和激励发挥个体潜能综合形成的群体素质。因此，企业应通过择优录用、加强思想教育及技能方面的培训，合理组织、严格考核，并辅以必要的激励机制，使企业员工的潜在能力得到充分发挥，使施工人员在质量控制系统中发挥主体自控作用。

施工企业必须坚持执业资格注册制度和作业人员持证上岗制度；对所选派的施工项目领导者、组织者进行教育和培训，使其质量意识和组织管理能力能满足施工质量控制的要求；对所属施工队伍进行全员培训，加强质量意识的教育和技术训练，提高每个作业者的质量活动能力和自控能力；对分包单位进行严格的资质考核和施工人员的资格考核，其资质、资格必须符合相关法规的规定，与其分包的工程相适应。

二、材料设备的质量控制

原材料、半成品及工程设备是工程实体的构成部分，其质量是项目工程实体质量的基础。加强原材料、半成品及工程设备的质量控制，不仅是提高工程质量的必要条件，也是实现工程项目投资目标和进度目标的前提。

对原材料、半成品及工程设备进行质量控制的主要内容为：控制材料设备的性能、标准、技术参数与设计文件的相符性；控制材料、设备各项技术性能指标、检验测试指标与标准规范要求的相符性；控制材料、设备进场验收程序的正确性及质量文件资料的完备性；控制优先采用节能低碳的新型建筑材料和设备，禁止使用国家明令禁用或淘汰的建筑材料和设备等。

施工单位应在施工过程中贯彻执行企业质量程序文件中关于材料和设备

封样、采购、进场检验、抽样检测及质保资料提交等方面明确规定的一系列控制标准。

三、工艺方案的质量控制

施工工艺的先进合理是直接影响工程质量、工程进度及工程造价的关键因素，施工工艺的合理可靠也直接影响工程施工安全。因此，在工程项目质量控制系统中，制定和采用技术先进、经济合理、安全可靠的施工技术工艺方案，是工程质量控制的重要环节。对施工工艺方案的质量控制主要包括以下内容：

（1）深入正确地分析工程特征、技术关键及环境条件等资料，明确质量目标、验收标准、控制的重点和难点。

（2）制定合理有效的、有针对性的施工技术方案和组织方案，前者包括施工工艺、施工方法，后者包括施工区段划分、施工流向及劳动组织等。

（3）合理选用施工机械设备和设置施工临时设施，合理布置施工总平面图和各阶段施工平面图。

（4）选用和设计保证质量和安全的模具、脚手架等施工设备。

（5）编制工程所采用的新材料、新技术、新工艺的专项技术方案和质量管理方案。

（6）针对工程具体情况，分析气象、地质等环境因素对施工的影响，制定应对措施。

四、施工机械的质量控制

施工机械是指施工过程中使用的各类机械设备，包括起重运输设备、人货两用电梯、加工机械、操作工具、测量仪器、计量器具以及专用工具和施工安全设施等。施工机械设备是所有施工方案和工法得以实施的重要物质基础，合理选择和正确使用施工机械设备是保证施工质量的重要措施。

（1）对施工所用的机械设备，应根据工程需要从设备选型、主要性能参数及使用操作要求等方面加以控制，使其符合安全、适用、经济、可靠、节能和环保等方面的要求。

（2）对施工中使用的模具、脚手架等施工设备，除可按适用的标准定型选用之外，一般还需按设计及施工要求进行专项设计，将其设计方案及制作质量的控制及验收作为重点并进行控制。

（3）按现行施工管理制度的要求，工程所用的施工机械、模板、脚手架，特别是危险性较大的现场安装的起重机械设备，不仅要对其设计安装方案进行审批，而且安装完毕交付使用前必须经专业管理部门验收，合格后方可使用。同时，在使用过程中还需落实相应的管理制度，以确保其安全正常使用。

五、施工环境因素的控制

环境的因素主要包括施工现场自然环境因素、施工质量管理环境因素和施工作业环境因素。环境因素对工程质量的影响，具有复杂多变的特点和不确定性，以及明显的风险特性。要减少其对施工质量的不利影响，主要是采取预测预防的风险控制方法。

（1）对施工现场自然环境因素的控制。对地质、水文等方面的影响因素，应根据设计要求，分析工程岩土地质资料，预测不利因素，并会同设计等方面制定相应的措施，采取如基坑降水、排水、加固围护等技术控制方案。

对天气气象方面的影响因素，应在施工方案中制定专项紧急预案，明确在不利条件下的施工措施，落实人员、器材等方面的准备，加强施工过程中的监控与预警。

（2）对施工质量管理环境因素的控制。施工质量管理环境因素主要是指施工单位质量保证体系、质量管理制度和各参建施工单位之间的协调等因素。要根据工程发承包的合同结构，理顺管理关系，建立统一的现场施工组织系统和质量管理的综合运行机制，确保质量保证体系处于良好的状态，创造良好的质量管理环境和氛围，使施工顺利进行，保证施工质量。

（3）对施工作业环境因素的控制。施工作业环境因素主要是指施工现场的给水排水条件，各种能源介质供应，施工照明、通风、安全防护设施，施工场地空间条件和通道，以及交通运输和道路条件等因素。

要认真实施经过审批的施工组织设计和施工方案，落实保证措施，严格执行相关管理制度和施工纪律，保证上述环境条件良好，使施工顺利进行以及使施工质量得到保证。

第四节　施工准备及施工过程的质量控制

一、施工准备的质量控制

（一）施工技术准备工作的质量控制

施工技术准备是指在正式开展施工作业活动前进行的技术准备工作。这类工作内容繁多，主要在室内进行，如熟悉施工图纸，组织设计交底和图纸审查；进行工程项目检查验收的项目划分和编号；审核相关质量文件，细化施工技术方案和施工人员、机具的配置方案，编制施工作业技术指导书，绘制各种施工详图（如测量放线图，大样图及配筋、配板、配线图表等），进行必要的技术交底和技术培训。施工准备工作出错，必然影响施工进度和作业质量，甚至直接导致质量事故的发生。

技术准备工作的质量控制，包括对上述技术准备工作成果的复核审查，检查这些成果是否符合设计图纸和施工技术标准的要求；依据经过审批的质量计划审查、完善施工质量控制措施；针对质量控制点，明确质量控制的重点对象和控制方法；尽可能地提高上述工作成果对施工质量的保证程度等。

（二）现场施工准备工作的质量控制

（1）计量控制。这是施工质量控制的一项重要基础工作。施工过程中的计量，包括施工生产时的投料计量，施工测量，监测计量以及对项目、产品或过程的测试、检验、分析计量等。开工前要建立和完善施工现场计量管理的规章制度；明确计量控制责任者和配置必要的计量人员；严格按规定对计量器具进行维修和校验；统一计量单位，组织量值传递，保证量值统一，从而保证施工过程中计量的准确。

（2）测量控制。工程测量放线是建设工程产品由设计转化为实物的第一步。施工测量质量的好坏，直接影响工程的定位和标高是否正确，并且制约施工过程有关工序的质量。因此，施工单位在开工前应编制测量控制方案，经项目技术负责人批准后实施。要对建设单位提供的原始坐标点、基准线和水准点等测量控制点进行复核，并将复测结果上报监理工程师审核，批准后施工单位才能建立施工测量控制网，进行工程定位和标高基准的控制。

（3）施工平面图控制。建设单位应按照合同约定并充分考虑施工的实际需要，事先划定并提供施工用地和现场临时设施用地的范围，协调平衡和审查批准各施工单位的施工平面设计。施工单位要严格按照批准的施工平面布置图，科学合理地使用施工场地，正确安装设置施工机械设备和其他临时设施，维护现场施工道路畅通无阻和通信设施完好，合理控制材料的进场与堆放，保持良好的防洪排水能力，保证充分的给水和供电。建设（监理）单位应会同施工单位制定严格的施工场地管理制度、施工纪律和相应的奖惩措施，严禁乱占场地和擅自断水、断电、断路，及时制止和处理各种违纪行为，并做好施工现场的质量检查记录。

（三）工程质量检查验收的项目划分

一个建设工程项目从施工准备开始到竣工交付使用，要经过若干工序、工种的配合施工。施工质量的优劣，取决于各个施工工序、工种的管理水平和操作质量。为了便于控制、检查、评定和监督每个工序和工种的工作质量，要把整个项目逐级划分为若干个子项目，并分级进行编号，在施工过程中据此来进行质量控制和检查验收。这是进行施工质量控制的一项重要准备工作，应在项目施工开始之前进行。项目划分越合理、明细，越有利于分清质量责任，便于施工人员进行质量自控和检查监督人员检查验收，也有利于质量记录等资料的填写、整理和归档。

根据《建筑工程施工质量验收统一标准》（GB 50300 —2013）的规定，建筑工程质量验收应逐级划分为单位（子单位）工程、分部（子分部）工程、分项工程和检验批。

（1）单位工程的划分应按下列原则确定

1）具备独立施工条件并能形成独立使用功能的建筑物及构筑物为一个单位工程。

2）建筑规模较大的单位工程，可将其能形成独立使用功能的部分划为一个子单位工程。

（2）分部工程的划分应按下列原则确定

1）分部工程的划分应按专业性质、建筑部位确定。例如，一般的建筑工程可划分为地基与基础、主体结构、建筑装饰装修、建筑屋面、建筑给水排水及采暖、建筑电气、智能建筑、通风与空调、电梯、建筑节能工程等分部工程。

2）当分部工程较大或较复杂时，可按材料种类、施工特点、施工程序、专业系统及类别等划分为若干子分部工程。

（3）分项工程应按主要工种、材料、施工工艺、设备类别等进行划分。

（4）分项工程可由一个或若干个检验批组成，检验批可根据施工及质量控制和专业验收需要按楼层、施工段、变形缝等进行划分。

（5）室外工程可根据专业类别和工程规模划分单位（子单位）工程。一般室外单位工程可划分为室外建筑环境工程和室外安装工程。

二、施工过程的质量控制

施工过程的质量控制是在工程项目质量实际形成过程中的事中质量控制。

建筑工程项目施工是由一系列相互关联、相互制约的作业过程（工序）构成的，因此施工质量控制必须对全部作业过程，即各道工序的作业质量持续进行控制。从项目管理的立场考虑，工序作业质量的控制首先是质量生产者，即作业者的自控，在施工生产要素合格的条件下，作业者的能力及其发挥的状况是决定作业质量的关键。其次，来自作业者外部的各种作业质量检查、验收和对质量行为的监督，也是不可缺少的设防和把关的管理措施。

（一）工序施工质量控制

工序的质量控制是施工阶段质量控制的重点。只有严格控制工序质量，才能确保施工项目的实体质量。《建筑工程施工质量验收统一标准》（GB 50300 —2013）规定：各施工工序应按施工技术标准进行质量控制，每道施工工序完成后，经施工单位自检符合规定后，才能进行下道工序的施工。各专业工种之间的相关工序应进行交接检验，并应记录。对于监理单位提出检查要求的重要工序，应经监理工程师检查认可，才能进行下道工序施工。

工序施工质量控制主要包括工序施工条件质量控制和工序施工效果质量控制。

1. 工序施工条件质量控制

工序施工条件是指从事工序活动的各生产要素质量及生产环境条件。工序施工条件质量控制就是控制工序活动的各种投入要素质量和环境条件质量。控制的手段主要包括检查、测试、试验、跟踪监督等。控制的依据主要是：设计质量标准、材料质量标准、机械设备技术性能标准、施工工艺标准以及操作规程等。

2. 工序施工效果质量控制

工序施工效果主要反映工序产品的质量特征和特性指标。对工序施工效果的控制就是控制工序产品的质量特征和特性指标，使其达到设计质量标准以及施工质量验收标准的要求。工序施工效果质量控制属于事后质量控制，其控制的主要途径是：实测获取数据、统计分析所获取的数据、判断认定质量等级和纠正质量偏差。

按有关施工验收规范的规定，下列工序质量必须进行现场质量检测，合格后才能进行下道工序。

（1）地基基础工程

1）地基及复合地基承载力检测。对灰土地基、砂和砂石地基、土工合成材料地基、粉煤灰地基、强夯地基、注浆地基、预压地基，其竣工后的结果（地基强度或承载力）必须达到设计要求的标准。检验数量，每单位工程不应少于3点，1 000 m^3 以上工程，每100 m^2 至少应有1点，3 000 m^3 以上工程，每300 m^2 至少应有1点。每一独立基础下至少应有1点，基槽每20延米应有1点。

对水泥土搅拌桩复合地基、高压喷射注浆桩复合地基、砂桩地基、振冲桩复合地基、土和灰土挤密桩复合地基、水泥粉煤灰碎石桩复合地基及夯实水泥土桩复合地基，其承载力检验，数量为总数的0.5%~1%，但不应少于3处。有单桩强度检验要求时，数量为总数的0.5%~1%，但不应少于3根。

2）工程桩的承载力检测。对于地基基础设计等级为甲级或地质条件复杂、成桩质量可靠性低的灌注桩，应采用静荷载试验的方法进行检验，检验桩数不应少于总数的1%，且不应少于3根，当总桩数少于50根时，不应少于2根。

设计等级为甲级、乙级的桩基或地质条件复杂、桩施工质量可靠性低、本地区采用的新桩型或新工艺的桩基应进行桩的承载力检测。检测数量在同一条件下不应少于3根，且不宜少于总桩数的1%。

3）桩身质量检验。对设计等级为甲级或地质条件复杂、成桩质量可靠性低的灌注桩，抽检数量不应少于总数的30%，且不应少于20根；其他桩基工程的抽检数量不应少于总数的20%，且不应少于10根；对混凝土预制桩及地下水位以上且终孔后经过核验的灌注桩，检验数量不应少于总桩数的10%，且不得少于10根。每个柱子承台下不得少于1根。

（2）主体结构工程

1）混凝土、砂浆、砌体强度现场检测。检测同一强度等级同条件养护的试块强度，以此检测结果代表工程实体的结构强度。

混凝土：按统计方法评定混凝土强度的基本条件是，同一强度等级的同条件养护试件的留置数量不宜少于10组，按非统计方法评定混凝土强度时，留置数量不应少于3组。

砂浆抽检数量：每一检验批且不超过250 m^3 砌体的各种类型及强度等级的砌筑砂浆，每台搅拌机应至少抽检一次。

砌体：普通砖15万块、多孔砖5万块、灰砂砖及粉灰砖10万块各为一检验批，抽检数量为一组。

2）钢筋保护层厚度检测。钢筋保护层厚度检测的结构部位，应由监理（建设）、施工等各方根据结构构件的重要性共同选定。

对梁类、板类构件，应各抽取构件数量的2%且不少于5个构件进行检验。

3）混凝土预制构件结构性能检测。对成批生产的构件，应按同一工艺正常生产的不超过1 000件且不超过3个月的同类型产品为一批。在每批中应随机抽取一个构件作为试件进行检验。

（3）建筑幕墙工程

1）铝塑复合板的剥离强度检测。

2）石材的弯曲强度检测、室内用花岗石的放射性检测。

3）玻璃幕墙用结构胶的邵氏硬度、标准条件拉伸黏结强度、相容性试验，石材用结构胶的黏结强度及石材用密封胶的污染性检测。

4）建筑幕墙的气密性、水密性、风压变形性能、层间变位性能检测。

5）硅酮结构胶相容性检测。

（4）钢结构及管道工程

1）钢结构及钢管焊接质量无损检测：对有无损检验要求的焊缝，竣工图上应标明焊缝编号、无损检验方法、局部无损检验焊缝的位置、底片编号、热处理焊缝位置及编号、焊缝补焊位置及施焊焊工代号；焊缝施焊记录及检查、检验记录应符合相关标准的规定。

2）钢结构、钢管防腐及防火涂装检测。

3）钢结构节点、机械连接用紧固标准件及高强度螺栓力学性能检测。

（二）施工作业质量自控

1. 施工作业质量自控的意义

施工作业质量自控，从经营的层面上说，强调的是作为建筑产品生产者和经营者的施工企业，应全面履行企业的质量责任，还应向顾客提供质量合格的工程产品；从生产的过程来说，其强调的是施工作业者的岗位质量责任，并向后道工序提供合格的作业成果（中间产品）。因此，施工方是施工阶段质量的自控主体。施工方不能因为监控主体的存在和监控责任的实施而减轻或免除其质量责任。我国《建筑法》和《建设工程质量管理条例》规定：建筑施工企业对工程的施工质量负责；建筑施工企业必须按照工程设计要求、施工技术标准和合同的约定，对建筑材料、建筑构配件和设备进行检验，不合格的不得使用。

施工方作为工程施工质量的自控主体，既要遵循本企业质量管理体系的要求，也要根据其在所承建的工程项目质量控制系统中的地位和责任，通过具体项目质量计划的编制与实施，有效地实现施工质量的自控目标。

2. 施工作业质量自控的程序

施工作业质量自控过程是由施工作业组织成员进行的，其基本的控制程序包括作业技术交底，作业活动的实施和作业质量的自检自查、互检互查以及专职管理人员的质量检查等。

（1）施工作业技术交底

技术交底是施工组织设计和施工方案的具体化，施工作业技术交底的内容必须具有可行性和可操作性。

从项目的施工组织设计到分部分项工程的作业计划，在实施之前都必须逐级进行交底，其目的是使管理者的计划和决策意图为实施人员所理解。施工作业交底是最基层的技术和管理交底活动，施工总承包方和工程监理机构都要对施工作业交底进行监督。作业交底的内容包括作业范围、施工依据、作业程序、技术标准和要领、质量目标，以及其他与安全、进度、成本、环境等目标管理有关的要求和注意事项。

（2）施工作业活动的实施

施工作业活动是由一系列工序所组成的。为了保证工序质量受控，首先要对作业条件进行再确认，即按照作业计划检查作业准备状态是否落实到位，其中包括对施工程序和作业工艺顺序的检查确认，在此基础上，严格按作业计划的程序、步骤和质量要求展开工序作业活动。

（3）施工作业质量的检验

施工作业质量的检查，是贯穿整个施工过程的最基本的质量控制活动，包括施工单位内部的工序作业质量自检、互检、专检和交接检查，以及现场监理机构的旁站检查、平行检验等。施工作业质量检查是施工质量验收的基础，已完检验批及分部分项工程的施工质量，必须在施工单位完成质量自检并确认合格之后，才能报请现场监理机构进行检查验收。

上道工序作业质量经验收合格后，才可进入下道工序施工。未经验收合格的工序，不得进入下道工序施工。

3. 施工作业质量自控的要求

工序作业质量是直接形成工程质量的基础，为达到对工序作业质量控制的效果，在加强工序管理和质量目标控制方面应坚持以下要求。

（1）预防为主

严格按照施工质量计划的要求，进行各分部分项施工作业的部署。同时，根据施工作业的内容、范围和特点，制订施工作业计划，明确作业质量目标和作业技术要领，认真进行作业技术交底，落实各项作业技术组织措施。

（2）重点控制

在施工作业计划中，一方面要认真贯彻实施施工质量计划中的质量控制点的控制措施；另一方面要根据作业活动的实际需要，进一步建立工序作业控制点，深化工序作业的重点控制。

（3）坚持标准

工序作业人员在工序作业过程中应严格进行质量自检，通过自检不断提高作业质量，并创造条件开展作业质量互检，通过互检加强技术与经验的交流。对已完工序作业产品，即检验批或分部分项工程，应严格坚持质量标准。对不合格的施工作业质量，不得进行验收签证，必须按照规定的程序进行处理。

《建筑工程施工质量验收统一标准》（GB 50300—2013）及配套使用的专业质量验收规范，是施工作业质量自控的合格标准。有条件的施工企业或项目经理部应结合自己的条件编制高于国家标准的企业内控标准或工程项目内控标准，或采用施工承包合同明确规定更高的标准，列入质量计划中，努力提升工程质量水平。

（4）记录完整

施工图纸、质量计划、作业指导书、材料质保书、检验试验及检测报告、质量验收记录等，是形成可追溯的质量保证的依据，也是工程竣工验收所不可缺少的质量控制资料。

因此，对工序作业质量，应有计划、有步骤地按照施工管理规范的要求进行填写记载，做到及时、准确、完整、有效，并具有可追溯性。

4. 施工作业质量自控的制度

根据实践经验的总结，施工作业质量自控的有效制度有：①质量自检制度；②质量例会制度；③质量会诊制度；④质量样板制度；⑤质量挂牌制度；⑥每月质量讲评制度等。

（三）施工作业质量的监控

1. 施工作业质量的监控主体

为了保证项目质量，建设单位、监理单位、设计单位及政府的工程质量监督部门，在施工阶段依据法律法规和工程施工承包合同，对施工单位的质量行为和项目实体质量实施监督控制。

设计单位应当就审查合格的施工图设计文件向施工单位作出详细说明，应当参与建设工程质量事故分析，并对因设计造成的质量事故，提出相应的技术处理方案。

建设单位在领取施工许可证或者开工报告前，应当按照国家有关规定办理工程质量监督手续。

作为监控主体之一的项目监理机构，在施工作业实施过程中，根据其监理规划与实施细则，采取现场旁站、巡视、平行检验等形式，对施工作业质量进行监督检查，如发现工程施工不符合工程设计要求、施工技术标准和合同约定，有权要求建筑施工企业改正。

监理机构应进行检查而没有检查或没有按规定进行检查的，给建设单位造成损失时应承担赔偿责任。

必须强调，施工质量的自控主体和监控主体，在施工全过程中相互依存、各尽其责，共同推动着施工质量控制过程的展开并最终实现工程项目的质量总目标。

2. 现场质量检查

现场质量检查是施工作业质量监控的主要手段。

（1）开工前的检查。主要检查是否具备开工条件，开工后是否能够保持连续正常施工，能否保证工程质量。

（2）工序交接检查。对于重要的工序或对工程质量有重大影响的工序，应严格执行“三检”（自检、互检、专检），制度未经监理工程师（或建设单位技术负责人）检查认可的，不得进行下道工序的施工。

（3）隐蔽工程的检查。施工中凡是隐蔽工程都必须经检查认证后方可进行隐蔽掩盖。

（4）停工后复工的检查。因客观因素停工或处理质量事故等停工复工时，经检查认可后方能复工。

（5）分项、分部工程完工后的检查。应经检查认可，并签署验收记录后，才能进行下一工程项目的施工。

（6）成品保护的检查。检查成品有无保护措施以及保护措施是否有效可靠。

3. 现场质量检查的方法

（1）目测法。目测法即凭借感官进行检查，也称观感质量检验，其手段可概括为“看、摸、敲、照”四个字。

看，就是根据质量标准要求进行外观检查。例如，清水墙面是否洁净，喷涂的密实度和颜色是否良好、均匀，工人的操作是否正常，内墙抹灰的大面及口角是否平直，混凝土外观是否符合要求等。

摸，就是通过触摸手感进行检查、鉴别，如油漆的光滑度，浆活是否牢固、不掉粉等。

敲，就是应用敲击工具进行音感检查，如对地面工程、装饰工程中的水磨石、面砖、石材饰面等，均应进行敲击检查。

照，就是通过人工光源或反射光照射，检查难以看到或光线较暗的部位，如管道井、电梯井等内部管线、设备安装质量，装饰吊顶内连接及设备安装质量等。

（2）实测法。实测法就是通过实测数据与施工规范、质量标准的要求及允许偏差值进行对照，以此判断质量是否符合要求，其手段可概括为“靠、量、吊、套”四个字。

靠，就是用直尺、卷尺检查墙面、地面、路面等的平整度。

量，就是用测量工具和计量仪表等检查断面尺寸、轴线、标高、湿度、温度等的偏差，如大理石板拼缝尺寸、摊铺沥青拌和料的温度、混凝土坍落度的检测等。

吊，就是利用托线板以及线坠吊线检查垂直度，如砌体垂直度检查、门窗的安装等。

套，就是以方尺套方，辅以塞尺检查，如对踢脚线的垂直度、预制构件的方正、门窗口及构件的对角线的检查等。

（3）试验法。试验法是指通过必要的试验手段对质量进行判断的检查方法，主要包括以下内容：

理化试验。工程中常用的理化试验包括物理力学性能方面的检验和化学成分及化学性能的测定等两个方面。物理力学性能的检验，包括各种力学指标的测定，如抗拉强度、抗压强度、抗弯强度、抗折强度、冲击韧性、硬度、承载力等，以及各种物理性能方面的测定，如密度，含水量，凝结时间，安定性及抗渗、耐磨、耐热性能等。化学成分及化学性质的测定，如钢筋中的磷、硫含量，混凝土中粗集料中的活性氧化硅成分，以及耐酸、耐碱、抗腐蚀性等。此外，根据规定有时还需进行现场试验，如对桩或地基的静载试验、下水管道的通水试验、压力管道的耐压试验、防水层的蓄水或淋水试验等。

无损检测。利用专门的仪器仪表从表面探测结构物、材料、设备的内部组织结构或损伤情况。常用的无损检测方法有超声波探伤、X 射线探伤、Ψ 射线探伤等。

4. 技术核定与见证取样送检

（1）技术核定。在建设工程项目施工过程中，因施工方对施工图纸的某些要求不甚明白，或图纸内部存在某些矛盾，或工程材料调整与代用，改变建筑节点构造、管线位置或走向等，需要通过设计单位明确或确认的，施工方必须以技术核定单的方式向监理工程师提出，报送设计单位核准确认。

（2）见证取样送检。为了保证建设工程质量，我国规定对工程所使用的主要材料、半成品、构配件以及施工过程留置的试块、试件等应实行现场见证取样送检。见证人员由建设单位及工程监理机构中有相关专业知识的人员担任；送检的实验室应具备经国家或地方工程检验检测主管部门核准的相关资质；见证取样送检必须严格按执行规定的程序进行，包括取样见证并记录、为样本编号、填单、封箱、送实验室、核对、交接、试验检测、报告等。

检测机构应当建立档案管理制度。检测合同、委托单、原始记录、检测报告应当按年度统一编号，编号应当连续，不得随意抽撤、涂改。

（四）隐蔽工程验收与施工成品质量保护

1. 隐蔽工程验收

凡被后续施工所覆盖的施工内容，如地基基础工程、钢筋工程、预埋管线等均属隐蔽工程。加强隐蔽工程质量验收，是施工质量控制的重要环节。其程序要求施工方首先应完成自检并合格，然后填写专用的《隐蔽工程验收单》。验收单所列的验收内容应与已完的隐蔽工程实物一致，并事先通知监理机构及有关部门，按约定时间进行验收。验收合格的隐蔽工程由各方共同签署验收记录；验收不合格的隐蔽工程，应按验收整改意见进行整改后重新验收。严格填写隐蔽工程验收的程序和记录，对于预防工程质量隐患及提供可追溯质量记录具有重要作用。

2. 施工成品质量保护

建设工程项目已完施工的成品保护，其目的是避免已完施工成品受到来自后续施工以及其他方面的污染或损坏。已完施工的成品保护问题和相应措施，在工程施工组织设计与计划阶段就应该从施工顺序上进行考虑，防止施工顺序不当或交叉作业造成相互干扰、污染和损坏；成品形成后可采取防护、覆盖、封闭、包裹等相应措施进行保护。

三、施工质量与设计质量的协调

建设工程项目施工是按照工程设计图纸（施工图）进行的，施工质量离不开设计质量，优良的施工质量要靠优良的设计质量和周到的设计现场服务来保证。

（一）项目设计质量的控制

要保证施工质量，首先要控制设计质量。项目设计质量的控制，主要是从满足项目建设需求入手，包括国家相关法律法规、强制性标准和合同规定的明确需求以及潜在需求，以使用功能和安全可靠性为核心，进行下列设计质量的综合控制。

1. 项目功能性质量控制

功能性质量控制的目的，是保证建设工程项目使用功能的符合性，其内容包括项目内部的平面空间组织、生产工艺流程组织。如满足使用功能的建筑面积分配以及宽度、高度、净空、通风、保暖、日照等物理指标和节能、环保、低碳等方面的符合性要求。

2. 项目可靠性质量控制

其主要是指建设工程项目建成后，在规定的使用年限和正常的使用条件下，保证使用安全和建筑物、构筑物及其设备系统性能稳定、可靠。

3. 项目观感性质量控制

对于建筑工程项目，其主要是指建筑物的总体格调、外部形体及内部空间观感效果，整体环境的适宜性、协调性，文化内涵的韵味及其魅力等的体现；道路、桥梁等基础设施工程同样也有其独特的构型格调、观感效果及其环境适宜性的要求。

4. 项目经济性质量控制

建设工程项目设计经济性质量，是指不同设计方案的选择对建设投资的影响。设计经济性质量控制的目的，在于强调设计过程的多方案比较，通过价值工程、优化设计，不断提高建设工程项目的性价比。在满足项目投资目标要求的条件下，做到经济高效、无浪费。

5. 项目施工可行性质量控制

任何设计意图都要通过施工来实现，设计意图不能脱离现实的施工技术和装备水平，否则再好的设计意图也无法实现。设计一定要充分考虑施工的可行性，并尽量做到方便施工，使施工顺利进行，从而保证项目施工质量。

（二）施工与设计的协调

从项目施工质量控制的角度来说，项目建设单位、施工单位和监理单位，都要注重施工与设计的相互协调。这个协调工作主要包括以下几个方面。

1. 设计联络

项目建设单位、施工单位和监理单位应组织施工单位到设计单位进行设计联络，其任务主要是：

（1）了解设计意图、设计内容和特殊技术要求，分析其中的施工重点和难点，以便有针对性地编制施工组织设计，及时做好施工准备；对于以现有的施工技术和装备水平实施有困难的设计，要及时提出意见，协商修改设计，或者探讨通过技术攻关提高技术装备水平来实施的可能性，同时向设计单位介绍和推荐先进的施工新技术、新工艺和工法，争取通过适当的设计，使这些新技术、新工艺和工法在施工中得到应用。

（2）了解设计进度，根据项目进度控制总目标、施工工艺顺序和施工进度安排，提出设计的时间和顺序要求，对设计和施工进度进行协调，使施工得以连续、顺利地进行。

（3）从施工质量控制的角度，提出合理化建议并优化设计，为保证和提高施工质量创造更好的条件。

2. 设计交底和图纸会审

建设单位和监理单位应组织设计单位向所有的施工实施单位进行详细的设计交底，使实施单位充分理解设计意图，了解设计内容和技术要求，明确质量控制的重点和难点；同时认真地进行图纸会审，深入发现和解决各专业设计之间可能存在的矛盾，消除施工图的差错。

3. 设计现场服务和技术核定

建设单位和监理单位应要求设计单位派出得力的设计人员到施工现场进行设计服务，解决施工中发现和提出的与设计有关的问题，及时做好相关设计核定工作。

4. 设计变更

在施工期间无论是建设单位、设计单位或施工单位提出需要进行局部设计变更的内容，都必须按照规定的程序，先将变更意图或请求报送监理工程师审查，经设计单位审核认可并签发“设计变更通知书”后，再由监理工程师下达“变更指令”。

参考文献

[1] 潘文东 . 大型工程施工过程质量控制研究 [D]. 武汉：湖北工业大学，2018.

[2] 覃正标 . 土木工程施工项目管理关键问题的研究 [D]. 成都：西南交通大学，2002.

[3] 万玉涵 . 土木工程施工安全管理创新实践研究 [D]. 南昌：南昌航空大学，2017.

[4] 王杰 . 土木工程施工现场安全管理系统的研究与分析 [D]. 杭州：浙江工业大学，2018.

[5] 许书溢 . 基于 BIM 技术的 H 工程施工管理优化研究 [D]. 大连：大连海事大学，2018.

[6] 张明兔 .BIM 技术在土木工程中的应用 [D]. 武汉：湖北工业大学，2017.

[7] 鲍建军 . 土木工程施工质量控制与安全管理 [J]. 中国建筑装饰装修，2021（8）：12.

[8] 陈清芬 . 土木工程施工质量控制与安全管理探析 [J]. 江西建材，2022（2）：149−151.

[9] 付克军 . 土木工程施工质量控制与安全管理的分析 [J]. 房地产世界，2022（4）：93.

[10] 郭帅 . 探究土木工程管理施工过程质量控制方法 [J]. 建材与装饰，2019（35）：27−28.

[11] 贺建明 . 基于现代理念下的土木工程施工管理研究 [J]. 居舍，2020（22）：127−128.

[12] 胡百魁 . 土木工程管理施工过程质量控制措施探究 [J]. 中国建筑金属结构，2021（12）：31–32.

[13] 黄世鸿，刘娇 . 土木工程管理施工过程质量控制措施探究 [J]. 江西建材，2021（4）：200–201.

[14] 黄欣荣，李重言 . 基于土木工程施工管理问题的探究性分析 [J]. 中国住宅设施，2017（4）：109–110.

[15] 贾倩 .BIM 技术在土木工程施工管理中的应用分析 [J]. 居舍，2021（14）：53–54.

[16] 姜昌军 . 土木工程管理施工过程质量控制措施分析 [J]. 中小企业管理与科技（下旬刊），2019（8）：9–10.

[17] 靳静 . 土木工程施工管理和质量控制举措研究 [J]. 居舍，2021（4）：132–133.

[18] 李威 . 加强土木工程施工项目质量管理的对策浅析 [J]. 居舍，2022（5）：130–132.

[19] 李正波 . 基于现代理念下的土木工程施工管理思考 [J]. 江西建材，2017（21）：23–26.

[20] 梁庆东 . 浅析土木工程施工管理和质量控制 [J]. 四川水泥，2018（10）：204.

[21] 马志强 . 现代理念下的土木工程施工管理研究 [J]. 居舍，2020（22）：147–148.

[22] 孙维冰，郑万强 . 土木工程管理施工过程中的质量控制研究 [J]. 科学技术创新，2019（23）：123–124.

[23] 孙鑫盟 . 探讨加强土木工程施工管理水平的有效方法 [J]. 房地产世界，2021（3）：102–104.

[24] 王欢 . 土木工程管理施工过程质量控制对策 [J]. 居舍，2022（10）：123–126.

[25] 王占领 . 土木工程施工管理中存在的问题及相关解决措施分析 [J]. 科技风，2016（11）：168–169.

[26] 张璐璐 . 土木工程施工管理面临的问题及其对策研究 [J]. 中国住宅设施，2020（2）：111-112.

[27] 张寿年 . 土木工程管理施工过程质量控制策略 [J]. 大众标准化，2021（4）：13-15.

[28] 周鹏飞 . 试论土木工程施工管理中出现问题及应对措施 [J]. 居舍，2020（11）：162.